普通高等教育计算机类教材

算法设计理论与应用

李华　毕琳　赵家石　何巍◎编著

ALGORITHM DESIGN THEORY AND APPLICATION

北京理工大学出版社
BEIJING INSTITUTE OF TECHNOLOGY PRESS

内 容 简 介

《算法设计理论与应用》是一本为计算机科学与技术专业本科生量身打造的教材，它以通俗易懂的方式介绍了算法分析和设计的精髓。本书以算法的基本概念为起点，逐步深入探讨算法的核心原理和设计技巧。本书紧密结合算法竞赛，提供了大量竞赛级训练题目，通过实际案例加深学生对理论的理解，有助于提升学生解决复杂计算问题的实战能力。本书可作为高等院校计算机科学与技术专业本科生教材。

图书在版编目（ＣＩＰ）数据

算法设计理论与应用 / 李华等编著. -- 北京：北京理工大学出版社，2023.11
ISBN 978 - 7 - 5763 - 3091 - 5

Ⅰ. ①算… Ⅱ. ①李… Ⅲ. ①算法设计 Ⅳ. ①TP301.6

中国国家版本馆 CIP 数据核字（2023）第 213729 号

责任编辑：钟　博	**文案编辑：**钟　博
责任校对：刘亚男	**责任印制：**李志强

出版发行 / 北京理工大学出版社有限责任公司
社　　址 / 北京市丰台区四合庄路 6 号
邮　　编 / 100070
电　　话 / （010）68944439（学术售后服务热线）
网　　址 / http：//www.bitpress.com.cn

版 印 次 / 2023 年 11 月第 1 版第 1 次印刷
印　　刷 / 保定市中画美凯印刷有限公司
开　　本 / 787 mm × 1092 mm　1/16
印　　张 / 13.75
字　　数 / 300 千字
定　　价 / 62.00 元

前　　言

尊敬的读者：

在当今信息技术高速发展的时代，算法分析与设计已经成为计算机科学领域的核心内容之一。算法设计涉及数据结构、算法思维、编程语言等多个方面的知识，是计算机科学与技术学习中最基础、最重要的内容之一。

中国共产党的二十大的核心内容包括实事求是、开拓创新、以人为本等，这些内容对于算法分析与设计的学习也有重要的指导意义。具体来说，算法分析与设计也遵循实事求是的原则，要以实际数据和实验结果为依据，避免主观臆断。同时，算法设计需要体现开拓创新的精神，在算法设计中要勇于尝试新思路和新方法，不断探索和创新，提高算法的效率和性能。算法设计还需要体现以人为本，要关注用户需求和使用体验，同时要考虑算法的易用性和可维护性，为用户和开发者提供更好的使用和维护体验。

本书旨在帮助读者深入了解算法设计与分析的基本原理，同时提供一些实用的技巧和方法，使读者能够掌握常用的算法，进而解决计算机科学与技术中的实际问题。本书主要包括算法设计与分析的基础知识、递归与分治算法、动态规划算法、贪心算法、回溯算法、分支限界算法、随机算法等多个方面的内容，结合大量的实例和程序代码进行讲解。

本书适合计算机科学与技术、电子信息工程、数学等专业的本科生和研究生使用，也可供从事计算机相关行业工作的技术人员和研究人员参考和借鉴。本书内容深入浅出、全面系统、实用性强，希望能为读者提供有益的帮助。

本书仍然存在不足之处，欢迎广大读者提出宝贵的意见和建议，共同完善本书，推动计算机科学与技术的发展。

祝愿读者在学习本书的过程中有所收获，取得更好的成绩。

敬祝好运！

编著者

目　录

第 **1** 章
绪　论

※章节导读※

本章主要介绍了算法复杂度理论的基础知识，是后续学习算法分析的基础。本章的重点和难点如下。

【学习重点】

（1）算法的定义和性质：对于一个算法而言，其必须满足输入、输出、明确性、有限性、有效性等性质。

（2）算法的复杂度度量：时间复杂度、空间复杂度、最优复杂度、平均复杂度、最坏复杂度等。

（3）渐进复杂度分析：大 O、大 Θ、大 Ω 符号的定义及其在算法分析中的应用。

（4）算法效率与问题规模的关系：了解算法复杂度与问题规模的增长趋势，明确算法优劣的判断标准。

【学习难点】

（1）大 O、大 Θ、大 Ω 符号的定义和理解：需要掌握符号的定义，以及符号的应用场景和计算方法。

（2）渐进复杂度分析的应用：需要对常用算法的复杂度进行分析，熟练掌握分析方法，能够正确分析算法复杂度。

（3）最优复杂度、平均复杂度、最坏复杂度等概念的理解：需要明确各个复杂度概念的定义，理解其在算法分析中的应用场景和分析方法。

1.1　算法基础

在计算机系统中，数据基本上可以理解为信息，无论是人和事物，还是对人和事物的描述（比如数量、颜色、大小等），都可以当作数据；而计算机主要是完成对数据存储和运算的功能，那么也就可以理解为，凡是计算机所要存储和运算的东西，都能称为数据。算法理解起来非常简单，就是解决问题的方式方法。在计算机中，并且在数据结构中，算法就可以理解为操作数据的方法。

算法的概念广泛存在于计算机科学领域。例如，一个教务管理系统软件的核心就是排课，即依据不同的用户需求设计合理的、高效的排课算法。用什么方法来设计算法、如何判定算法的优劣、所设计的算法需要占用多少时间资源和空间资源，都是设计算法时必须考虑的内容。本章介绍有关算法的基本概念。

1.1.1　算法的基本概念

什么是算法？从理论上讲，算法是在有限步骤内求解某一问题所使用的一组定义明确的规则。通俗地理解，算法是解决问题的方法，由于计算机不能分析问题并产生问题的解决方案，所以必须由人来分析问题，确定问题的解决方案。

算法和程序是两个不同的概念。算法是一组解决问题的有序步骤，是一个抽象的概念，而程序是一组实现算法的指令，是一个具体的实现。算法可以被描述成伪代码或者自然语言的形式，而程序必须使用一种编程语言来实现。算法是一种抽象的思想，而程序是算法在计算机上的实现。在解决问题的过程中，首先需要设计一个算法，然后才能通过编程实现这个算法。因此，算法是程序设计的基础，程序是算法的具体实现。

对于人分析所得的想法，首先需要将具体的数据模型抽象出来，形成问题求解的基本思路；其次需要完成数据表示，即将数据模型存储到计算机的内存中以及进行数据处理，将问题求解的基本思路形成算法；最后由算法转换到程序，即将算法的操作步骤转换为某种程序设计语言对应的语句。

算法需要具备以下特点。

输入：有零个或多个外部量作为算法的输入。

输出：算法产生至少一个量作为输出。

确定性：组成算法的每条指令清晰、无歧义。

有限性：算法中每条指令的执行次数有限，执行每条指令的时间也有限。

可行性：算法必须是可行的，也就是说，它必须能够在实际中被执行。

算法可以用数学语言进行形式化定义。一般来说，算法可以表示为一个确定的、有限的、明确定义的计算步骤序列，它将一组输入转换成一组输出。更正式地说，一个算法可以表示为一个由有限数量的基本操作组成的序列，这些基本操作可以被顺序执行、循环执行或者分支执行。

一个算法可以被表示为一个五元组 (I, O, S, f, t)，其中：

I 是算法的输入，它是一个有限的、预定义的数据集合；

O 是算法的输出，它是一个有限的、预定义的数据集合；

S 是算法的状态集合，它是算法在执行过程中所有可能状态的集合；

f 是算法的转移函数，它将一个状态和输入映射到下一个状态，即从一个状态转移到另一个状态；

t 是算法的终止条件，它指定算法何时停止执行。

更具体地说，一个算法的执行可以被描述为一个从初始状态开始的转移序列，这个转移序列是由一系列状态和输入组成的。每个状态都由先前的状态和输入通过转移函数计算得出，直到算法满足终止条件为止。

形式化定义的优点是可以准确、严谨地描述算法的特征和行为，以及为算法正确性和效率的证明提供有力的工具。同时，形式化定义也使算法可以应用于各种不同的计算机平台和编程语言中。

此外，在计算机科学中，NP 问题（Nondeterministic Polynomial time 问题）是指可以在多项式时间内验证一个解的问题，而不一定要在多项式时间内找到一个解。相对应的，P 问题是指可以在多项式时间内解决的问题。NP 完全问题是指既属于 NP 问题，又能够归约到任何其他问题的 NP 问题。在理论计算机科学中，NP 完全问题是一种特殊的问题，它具有很高的困难程度，没有已知的快速算法可以在多项式时间内解决它。因此，NP 完全问题是计算机科学中最具挑战性的问题之一。

NP 完全问题的研究是由斯蒂芬·库克和里查德·卡普森于 1971 年提出的。这个问题的研究产生了一个新的分支——计算复杂度理论，并成为理论计算机科学中一个重要的研究方向。在实际应用中，很多实际问题都可以被归约为 NP 完全问题，因此，对 NP 完全问题的研究对实际问题的求解具有重要的意义。

1.1.2　算法的描述方法

通常，表达算法的抽象机制分为从机器语言到高级语言的抽象。算法设计者在构思和设计了一个算法之后，必须清楚准确地将所设计的求解步骤记录下来，即描述算法。常用的描述算法的方法有自然语言、流程图、伪代码和程序设计语言等。

（1）自然语言描述：用常见的语言，如英语或中文，用文字叙述算法的步骤，通常包括伪代码或具体代码的描述。这种描述方法易于理解，但容易产生歧义。

（2）流程图描述：使用图形表示算法的流程和操作。流程图通常包括各种符号和箭头，表示算法的不同步骤和操作的流向。这种描述方法可以帮助读者更直观地理解算法，但可能不够详细。

（3）伪代码描述：使用一种形式类似编程语言，但比真正的编程语言更简单和抽象的语言来描述算法。伪代码通常包括控制结构，如 if 语句和 while 循环，以及基本操作，如赋值和比较。这种描述方法介于自然语言和具体代码之间，可以较为准确地描述算法，但需要读者具备一定的编程基础。

（4）具体代码描述：使用一种具体的编程语言来实现算法。这种描述方法最为精确和详细，可以直接实现和运行算法，但可能对于非程序员或初学者不够友好。

不同的描述方法各有优、缺点，通常根据读者的背景和目的来选择适合的描述方法。在本书中，采用 C ++ 语言与自然语言相结合的方式来描述算法。C ++ 语言类型丰富、语句精炼，具有面向过程和面向对象的双重特点。用 C ++ 语言来描述算法可以使整个算法结构紧凑、可读性强。

1.1.3 算法设计过程与分析准则

问题的求解过程分为问题理解、预测输入、精确解或近似解构造、算法设计、数据结构选择、算法描述或程序、测试与调试以及效率分析等，如图 1 - 1 所示。算法的设计过程是一个灵活的过程，它要求设计人员根据实际情况，具体问题具体分析。在设计算法时一定完全理解要解决的问题，并预测所有可能的输入，根据问题以及问题所受的资源限制，在精确解和近似解之间做选择；然后，结合数据结构，完成程序设计；最后，对算法的效率进行分析。

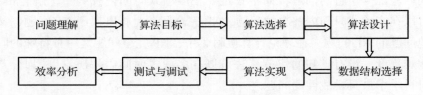

图 1 - 1 问题的求解过程

算法设计是指为解决一个问题或实现一个功能，设计出一种计算机程序的方法。以下是算法设计过程的基本步骤。

（1）确定问题。明确问题的输入和输出，确定需要完成的任务。

（2）确定算法的目标。考虑如何解决问题，定义问题的算法目标，例如速度、内存使用、准确性等。

（3）选择算法。根据目标，选择合适的算法。常见的算法包括暴力算法、贪心算法、分治算法、动态规划算法、回溯算法等。

（4）实现算法。根据选择的算法，实现程序。这通常涉及数据结构、算法流程和逻辑判断等。

（5）进行测试和调试。测试程序的正确性，并修复代码中的错误。

（6）分析算法。根据算法目标，分析算法的时间复杂度和空间复杂度，确定算法的效率和可行性。

算法分析是对一个算法所需计算时间和存储空间所做的定量分析。需要一定的准则和方法来分析算法的优劣，主要考虑算法的正确性、可读性、健壮性、效率和存储量这 4 个方面。

①正确性。算法的正确性是指假设给定有意义输入，算法经有限时间的计算，可产生

正确答案。一个算法的正确性有两方面的含义：解决问题的方法选取是正确的，也就是数学上的正确性；实现这个方法的一系列指令是正确的。正确性的 4 个层次如下：程序不含语法错误；程序对几组输入数据能得出满足规格要求的结果；对典型的、苛刻的、带有刁难性的几组输入能得出正确的结果；对一切合法的输入数据都能产生满足规格要求的结果。

②可读性。可读性是指算法便于交流和理解，有助于调试和修改。

③健壮性。健壮性也称为鲁棒性，它是指程序对于规范要求以外的输入的处理能力，程序应该能够判断出该输入不符合规范要求，并采用合理的处理方式进行处理。

④效率和存储量。评价算法效率的主要技术指标有算法运行的时间复杂度和空间复杂度两个。算法的效率通常是指算法的执行时间。对于一个具体问题，通常可以有多个算法，执行时间短的算法效率就高。所谓存储量，是指算法在执行过程中所需要的最大存储空间。效率和存储量都与问题的规模有关。

1.2　数据结构基础

1.2.1　常见的数据结构

数据结构是计算机科学中用于组织和存储数据的方式，它关注数据元素之间的关系以及如何在计算机中有效地存储和访问这些数据元素。一个好的数据结构应该能够提高数据处理的效率，降低存储空间的使用率，并且易于操作和维护。在计算机科学中，数据结构是解决问题的基础，不同的数据结构适用于不同的问题和场景。

常见的数据结构有以下几种。

1. 数组

数组是一组连续的内存单元，可以用来存储相同类型的数据元素。数组的优点是可以快速访问任何位置的元素，其缺点是插入和删除元素时需要移动其他元素，效率较低。

2. 栈

栈是一种先进后出的数据结构，可以用数组或链表实现。栈的优点是操作简单，只需要考虑栈顶元素，其缺点是访问非栈顶元素需要弹出其他元素，效率较低。

3. 队列

队列是一种先进先出的数据结构，可以用数组或链表实现。队列的优点是操作简单，只需要考虑队头和队尾元素，其缺点是访问非队头元素需要弹出其他元素，效率较低。

4. 链表

链表是一种动态数据结构，可以通过指针来实现元素的插入和删除操作。链表的优点是插入和删除元素时只需要修改指针，不需要移动其他元素，其缺点是访问非链表头和表尾元素需要遍历整个链表，效率较低。

5. 树

树是一种分层数据结构，可以用来表示具有层级关系的数据。树的优点是可以快速定位元素，其缺点是需要进行递归操作，实现较为复杂。

6. 图

图是一种表示元素之间关系的数据结构，可以用来表示网络、地图等复杂的关系结构。图的优点是可以表示复杂的关系，其缺点是实现较为复杂。

1.2.2　数据结构的选择

在选择数据结构时，需要以问题的特点和数据的结构为根据。一般来说，需要考虑以下几个方面。

（1）时间复杂度。选择数据结构时需要考虑操作的时间复杂度，例如查找、插入、删除等操作的时间复杂度。不同的数据结构对应不同的时间复杂度，需要根据具体情况进行选择。

（2）空间复杂度。选择数据结构时还需要考虑其空间复杂度，即所需的存储空间大小。不同的数据结构对应不同的空间复杂度，需要根据具体情况进行选择。

（3）数据的结构。数据结构需要根据数据的结构进行选择。例如，如果数据是一组有序的元素，可以选择数组；如果数据需要频繁插入和删除元素，可以选择链表；如果数据具有分层结构，可以选择树等。

（4）算法的复杂度。选择数据结构时还需要考虑所需的算法的复杂度，即实现算法所需的数据结构。例如，某些算法需要使用堆或优先队列等数据结构来实现。

选择合适的数据结构需要考虑多个方面，需要根据具体情况进行分析。在实际开发中，可以根据算法的特点，数据的结构和需求的时间、空间复杂度等因素来选择合适的数据结构。

1.3　算法的重要性

1.3.1　算法对计算机科学的意义

在计算机科学中，算法是解决问题和开发计算机程序的基础。良好的算法设计可以提高程序的效率和性能，减少计算资源的消耗，同时能够提高程序的可读性和可维护性。算法在计算机科学中的应用非常广泛，包括搜索引擎、图像处理、机器学习、数据挖掘、网络安全等领域。算法对计算机科学的重要意义如下。

（1）优化计算的效率。算法可以用于解决各种计算问题，如排序、查找、图形处理等，可以大大优化计算的效率。

（2）支持人工智能。人工智能是计算机科学的重要研究领域，其中很多技术都基于算法，如机器学习、深度学习等。

（3）推动科学进步。算法的发展不仅有助于计算机科学的发展，还可以应用到其他领域，如生物学、化学、医学等，推动科学进步。

（4）解决现实问题。算法可以应用于现实生活中的各种问题，如路线规划、资源分配、风险评估等，能够有效解决这些实际问题。

（5）是计算机科学的基础。算法是计算机科学的基础，通过学习算法，人们可以更深入地理解计算机科学的核心概念和原理。

一个可以理解的例子是排序算法。在计算机科学中，排序是一项基本的操作，可以应用于很多领域，例如数据库、数据分析、搜索引擎等。排序算法的效率和性能直接影响程序的运行速度和资源消耗。良好的排序算法可以在输入数据规模变大时保持较稳定的执行效率。例如，快速排序算法是一种常用的排序算法，它的时间复杂度为 $O(nlogn)$。这意味着当输入数据规模翻倍时，快速排序算法的执行时间只会略微增加，而不是成倍增加。这样就可以有效地减少计算机资源的消耗，提高程序的性能。

1.3.2 算法对日常生活的影响

算法不仅在计算机科学中有重要作用，还对人们的日常生活产生了深远的影响。例如，搜索引擎、社交网络、电子商务平台等都依赖算法提供服务。算法还可以应用于交通管理、医疗保健、环境保护等领域，帮助人们更好地管理和保护社会和环境，对人们的生活和工作产生了巨大的影响，改善了人们的生活和工作效率。

例如：在城市交通中，路线规划是一个非常重要的问题，它直接关系到交通流量的分配和交通效率的提高。路线规划算法可以根据不同的情况，如时间、距离、拥堵程度等，为驾驶员提供最优的路线选择，同时可以帮助交通管理部门优化交通路线，减少交通拥堵，提高交通流动性。

在日常生活中，人们使用的导航软件就是一种应用路线规划算法的工具。导航软件能够根据实时交通情况，为人们提供最优的路线选择，帮助人们避开拥堵路段，节省时间和油费。此外，路线规划算法还可以应用于公共交通、物流配送等领域，帮助优化路线，提高效率，减少资源浪费。

因此，算法对人们的日常生活产生了深远的影响，帮助人们更好地管理和利用资源，提高生活质量和效率。

1.4 算法的复杂度

1.4.1 算法的时间与空间复杂度

算法的复杂度是算法运行所需要的计算机资源的量，需要时间资源的量称为时间复杂度，需要的空间资源的量称为空间复杂度。

具体来说，算法的复杂度依赖算法要解决的问题的规模、算法的输入和算法本身的函数。如果分别用 n、I 和 A 表示算法要解决问题的规模、算法的输入和算法本身，而且用 T 表示复杂度，那么，应该有 $T = F(n, I, A)$。

一般把时间复杂度和空间复杂度分开，并分别用 T 和 S 表示，则有 $T = T(n, I)$ 和 $S = S(n, I)$（通常，让 A 隐含在复杂度函数名中）。更进一步，算法的时间复杂度表示为 $T(n)$；算法的空间复杂度表示为 $S(n)$，其中 n 是问题的规模。

除去与计算机软/硬件有关的因素，输入规模（input scale）可以说是影响算法时间代价的最主要的因素。输入规模是指输入量的多少，一般来说，它可以从问题描述中得到。例如，找出 100 以内的所有素数，输入规模是 100；对一个具有 n 个整数的数组进行排序，输入规模是 n。一个显而易见的事实是：几乎所有的算法，对于规模更大的输入都需要运行更长的时间。例如，需要更长时间对更大的数组排序，更大的矩阵转置需要更长的时间。

在通常情况下，要精确地表示算法的运行时间函数很困难，即使能够给出，也可能是一个相当复杂的函数，函数的求解本身也是相当复杂的。考虑到算法分析的主要目的在于比较求解同一个问题的不同算法的效率，为了客观地反映一个算法的运行时间，可以用算法中基本语句（basic statement）的执行次数来度量算法的工作量。基本语句是执行次数与整个算法的执行次数成正比的语句，基本语句对算法运行时间的贡献最大，是算法中最重要的操作。

【例 1.1】 对如下顺序查找算法，请找出输入规模和基本语句。

```
inc seqsearch(int A[ ],int n,int k)          //在数组 A[n]中查找值为 k 的记录
{
    for(int i = 0;i < n;i ++)
        if(A[i] == k)break;
    if(i == n)return 0;                       //查找失败,返回失败的标志 0
    else return(i +1);                        //查找成功,返回记录的序号
}
```

算法运行时间是循环语句的主要消耗元素，循环的执行次数取决于待查找记录个数 n 和待查值 k 在数组中的位置，每执行一次 for 循环，都要执行一次元素比较操作。因此，输入规模是待查找的记录个数 n，基本语句是循环体内部的比较操作($A[i] == k$)。

【例 1.2】 对如下起泡排序算法，请找出输入规模和基本语句。

```
void BubbleSort(int r[ ],int n)
{
int bound,exchange = n -1;                     //第一趟起泡排序的区间是[0,n -1]
while(exchange! = 0)                           //当上一趟排序有记录交换时
{
bound = exchange;exchange = 0;
for(int j = 0;j < bound;j ++)                  //一趟起泡排序区间是[0,bound]
    if(r[j] > r[j +1])
    {
        int temp = r[j];r[j] = r[j +1];r[j +1] = temp;//交换记录
        exchange = j;                          //记载每一次记录交换的位置
    }
  }
}
```

算法由两层嵌套的循环组成，每一趟待排序区间的长度决定了内层循环的执行次数，也就是待排序记录个数，外层循环的终止条件是在一趟排序过程中没有交换记录的操作，是否有交换记录的操作取决于相邻两个元素的比较结果，也就是说，每执行一次 for 循环，都要执行一次比较操作，而交换记录的操作却不一定执行。因此，输入规模是待排序的记录个数 n，基本语句是 for 循环体内部的比较操作（r[j] > r[j + 1]）。

【例 1.3】 下列算法实现将两个升序序列合并成一个升序序列的功能，请找出输入规模和基本语句。

```
void Union(int A[ ],int n,int B[ ],int m,int C[ ])      //合并 A[n]和 B[m]
{
  int i = 0,j = 0;k = 0;
  while(i < n&&j < m)
  {
    if(A[i] <= B[j])C[k ++ ] = A[i ++ ];           //A[i]与 B[j]中的较小者存入 C[k]
    else C[k ++ ] = B[j ++ ];
  }
  while(i < n)C[k ++ ] = A[i ++ ];                 //收尾处理,序列 A 中还有剩余记录
  while(j < m)C[k ++ ] = B[j ++ ];                 //收尾处理,序列 B 中还有剩余记录
}
```

算法由 3 个并列的循环组成，3 个循环将序列 A 和 B 扫描一遍，因此，两个序列的长度 n 和 m 就是输入规模。第 1 个循环根据比较结果决定执行两个赋值语句中的一个，因此，可以将比较操作（A[i] <= B[j]）作为基本语句，第 2 个循环的基本语句是赋值操作（C[k ++] = A[i ++]），第 3 个循环的基本语句是赋值操作（C[k ++] = B[j ++]）。在这 3 个基本语句中，基本操作次数为 $n + m$。

算法的时间复杂度是由问题的输入规模决定的，与输入的具体数据没有直接关系。如例 1.3 的合并算法对于任意两个有序序列，算法的时间复杂度是 $O(n + m)$。但是，对于某些算法，即使输入规模相同，如果输入数据不同，其时间代价也不同。

【例 1.4】 分析顺序查找算法的时间复杂度。

解：顺序查找从第一个元素开始，依次比较每一个元素，直至找到 k，而一旦找到了 k，算法计算也就结束了。如果数组的第一个元素恰好是 k，则算法只比较一个元素就行了，这是最好的情况（best case），时间复杂度为 $O(1)$；如果数组的最后一个元素是 k，则算法就要比较 n 个元素，这是最坏的情况（worst case），时间复杂度为 $O(n)$；如果在数组中查找不同的元素，假设数据是等概率分布的，则 $\sum_{i=1}^{n} p_i c_i = \frac{1}{n} \sum_{i=1}^{n} i = \frac{n + 1}{2} = O(n)$，即平均要比较大约一半的元素，这是平均的情况（average case），其时间复杂度和最坏的情况同数量级。

一般来说，最好的情况不能作为算法性能的代表，因为它发生的概率微乎其微，对于条件的考虑太乐观了。但是，当最好的情况出现的概率较大的时候，也应该对其进行分析。

分析最坏的情况有一个好处，即可以知道算法的运行时间最长能长到什么程度，这一点在实时系统中尤其重要。

通常需要分析平均的情况的时间代价，特别是算法要处理不同的输入时，但它要求已知输入数据是如何分布的，也就是考虑各种情况发生的概率，然后根据这些概率计算出算法效率的期望值（这里指的是加权平均值），因此，平均的情况分析比最坏的情况分析更困难。通常假设各种情况等概率分布，这也是在没有其他额外信息时能够进行的唯一可能假设。

1.4.2 算法的渐近性

仅通过最坏、最好和平均的情况还不能客观地评价和比较算法的优劣，因为有一些算法的复杂度会随着问题规模 n 的变化而变化。

【例1.5】比较两个算法的复杂度，其中算法 A 的时间复杂度为 $T_1 = 3n^2$，算法 B 的时间复杂度为 $T_2 = 25n$。

对于这两个算法，当问题规模 $n = 8$ 时，$T_1 = 192$，$T_2 = 200$，而当 $n = 9$ 时，$T_1 = 243$，$T_2 = 225$。即当问题规模小于等于 8 时，算法 A 求解问题所需时间短于算法 B 所需时间，即算法 B 的复杂度高，而随着问题规模的增加，情况相反，算法 A 的复杂度变高。

因此，如何客观地评价两个算法的优劣，还需要引入一个通用标准。

一般来说，当 n 单调增加且趋于 ∞ 时，$T(n)$ 也将单调增加且趋于 ∞。对于 $T(n)$，如果存在函数 $T'(n)$，使得当 $n \to \infty$ 时有 $(T(n) - T'(n))/T(n) \to 0$，那么就说 $T'(n)$ 是 $T(n)$ 当 $n \to \infty$ 时的渐进性态。在数学上，$T'(n)$ 是 $T(n)$ 当 $n \to \infty$ 时的渐进表达式。

算法的渐进分析不是从时间量上度量算法的运行效率，而是度量算法运行时间的增长趋势。

定义1：大 O 符号

设 $f(n)$ 和 $g(n)$ 是将整数映射为实数的函数，如果存在实常数 c 以及整常数 n_0，当 $n \geq n_0$ 时，满足 $0 \leq f(n) \leq cg(n)$，则称 $f(n) = O(g(n))$（读作"$f(n)$ 是 $g(n)$ 的大 O"），即，$g(n)$ 为 $f(n)$ 的一个上界（图 1-2）。

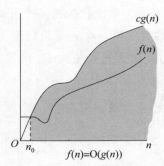

图 1-2 大 O 符号：当 $n \geq n_0$ 时，对于 $0 \leq f(n) \leq cg(n)$，函数 $f(n)$ 是 $O(g(n))$，表示 $g(n)$ 为 $f(n)$ 的上界

示例：$7n - 2$ 是 $O(n)$。

证明：由大 O 的定义可知，需要找一个实常数 $c > 0$ 和整常数 $n_0 \geq 1$，对于每个 $n \geq n_0$ 的整数，满足 $7n - 2 \leq cn$。容易看出，一种可能的选择是 $c = 7$ 和 $n_0 = 1$。实际上，这只是无数个可选方案之一，因为任何大于或等于 7 的实数 c，以及任何大于或等于 1 的整数 n_0 都满足条件。

借助大 O 符号可以说，随着规模 n 趋于 ∞，在渐进意义上（asymptotic），n 的一个函数"小于或等于"另一个函数（依据定义中的不等号"≤"）的常数倍（依据定义中的常数 c）。

大 O 符号广泛应用于表征以 n 为参数的运行时间和空间的界限。

下面是说明大 O 符号的一些例子。

（1）$20n^3 + 10n\log n + 5$ 是 $O(n^3)$。

证明：对于 $n \geqslant 1$，$20n^3 + 10n\log n + 5 \leqslant 35\,n^3$。

实际上，任何多项式 $a_k n^k + a_{k-1} n^{k-1} + \cdots + a_0$ 总是 $O(n^3)$。

（2）$3\log n + \log\log n$ 是 $O(\log n)$。

证明：对于 $n \geqslant 2$，$3\log n + \log\log n \leqslant 4\log n$。注意，对于 $n = 1$，$\log\log n$ 无定义，故选择 $n \geqslant 2$。

（3）2^{100} 是 $O(1)$。

证明：对于 $n \geqslant 1$，$2^{100} \leqslant 2^{100} \times 1$。注意，变量 n 并没有出现在不等式中，因为这里处理的是恒定值函数。

（4）$5/n$ 是 $O(1/n)$。

证明：对于 $n \geqslant 1$，$5/n \leqslant 5(1/n)$（即使这实际上是一个递减函数）。

定义 2：大 Ω 符号

设 $f(n)$ 和 $g(n)$ 是将整数映射为实数的函数，如果存在实常数 c 以及整常数 n_0，当 $n \geqslant n_0$ 时，满足 $c_2 g(n) \leqslant f(n)$，则称 $f(n) = \Omega(g(n))$（读作"$f(n)$ 是 $g(n)$ 的大 Ω"），即 $g(n)$ 为 $f(n)$ 的一个下界（图 1-3）。

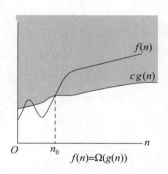

图 1-3 大 Ω 符号：当 $n \geqslant n_0$ 时，对于 $0 \leqslant cg(n) \leqslant f(n)$，
函数 $f(n)$ 是 $\Omega(g(n))$，表示 $g(n)$ 为 $f(n)$ 的下界

定义 3：大 Θ 符号

设 $f(n)$ 和 $g(n)$ 是将整数映射为实数的函数，如果存在实常数 c 以及整常数 n_0，当 $n \geqslant n_0$ 时，满足 $0 \leqslant c_1 g(n) \leqslant f(n) \leqslant c_2 g(n)$，则称 $f(n) = \Theta(g(n))$（读作"$f(n)$ 是 $g(n)$ 的大 Θ"），即 $g(n)$ 与 $f(n)$ 同阶（图 1-4）。

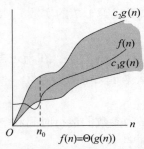

图 1-4 大 Θ 符号：当 $n \geqslant n_0$ 时，对于 $0 \leqslant c_1 g(n) \leqslant f(n) \leqslant c_2 g(n)$，
函数 $f(n)$ 是 $\Theta(g(n))$，表示 $g(n)$ 与 $f(n)$ 同阶

定义 4：小 o 和小 ω 符号

设 $f(n)$ 和 $g(n)$ 是将整数映射为实数的函数，对于任意常数 $c > 0$，存在整常数 $n_0 > 0$，对于 $n \geqslant n_0$，满足 $0 \leqslant f(n) \leqslant cg(n)$，则称 $f(n) = o(g(n))$（读作 "$f(n)$ 是 $g(n)$ 的小 o"）。同理，若对于任意常数 $c > 0$，存在整常数 $n_0 > 0$，对于 $n \geqslant n_0$，满足 $0 \leqslant cg(n) \leqslant f(n)$，则称 $f(n) = \omega(g(n))$（读作 "$f(n)$ 是 $g(n)$ 的小 ω"）。

渐进符号提供了一种分析数据结构和算法的方便语言。如前所述，这些符号非常方便，因为它们使人们可以只关注主要因素，而忽略一些低阶细节。

更进一步，渐进表达式具有如下性质。

$$f(n) = O(g(n)) \approx a \leqslant b$$
$$f(n) = \Omega(g(n)) \approx a \geqslant b$$
$$f(n) = \Theta(g(n)) \approx a = b$$
$$f(n) = o(g(n)) \approx a < b$$
$$f(n) = \omega(g(n)) \approx a > b$$

传递性：

$$f(n) = \Theta(g(n)) \ \& \ g(n) = \Theta(h(n)) \Rightarrow f(n) = \Theta(h(n))$$
$$f(n) = O(g(n)) \ \& \ g(n) = O(h(n)) \Rightarrow f(n) = O(h(n))$$
$$f(n) = \Omega(g(n)) \ \& \ g(n) = \Omega(h(n)) \Rightarrow f(n) = \Omega(h(n))$$
$$f(n) = o(g(n)) \ \& \ g(n) = o(h(n)) \Rightarrow f(n) = o(h(n))$$
$$f(n) = w(g(n)) \ \& \ g(n) = w(h(n)) \Rightarrow f(n) = w(h(n))$$

自反性：

$$f(n) = \Theta(f(n))$$
$$f(n) = O(f(n))$$
$$f(n) = \Omega(f(n))$$

对称性：

$$f(n) = \Theta(g(n)) \ \text{iff} \ g(n) = \Theta(f(n)) \ (\text{iff 表示当且仅当})$$

互对称性：

$$f(n) = O(g(n)) <==> g(n) = \Omega(f(n)); f(n) = o(g(n)) <==> g(n) = \omega(f(n))$$

算术运算：

$$O(f(n)) + O(g(n)) = O(\max\{f(n), g(n)\})$$

$$O(f(n)) + O(g(n)) = O(f(n) + g(n))\ ; O(f(n)) * O(g(n)) = (f(n) * g(n))$$

$$O(cf(n)) = O(f(n))\ ; g(n) = O(f(n)) \rightarrow O(f(n)) + O(g(n)) = (f(n))$$

1.5　算法分析的数学基础

1.5.1　算法分析常用的数学知识

1. 计量单位

按照 IEEE 规定的表示法标准，位用"b"表示，字节用"B"表示，千字节用"KB"表示，兆字节用"MB"表示，毫秒用"ms"表示。它们之间的关系如下：$1\ MB = 2^{20}\ B$，$1\ KB = 2^{10}\ KB$（即 1024 B），$1\ ms = 1/1\ 000\ s$。

2. 阶乘函数

任何大于 1 的自然数 n 的阶乘表示为 $n! = 1 \times 2 \times 3 \times \cdots \times n$，阶乘函数随着 n 的增大迅速增大。由于直接计算阶乘函数非常耗时，所以有时使用一个公式作为近似计算式是非常有用的，即关于阶乘的斯特林公式为

$$n! \approx \sqrt{2\pi n}\left(\frac{n}{e}\right)^n$$

该公式常用来计算与阶乘有关的各种极限。

3. 排列组合

排列组合是组合学中最基本的概念。所谓排列，就是指从给定个数的元素中取出指定个数的元素进行排序。组合则是指从给定个数的元素中仅取出指定个数的元素，不考虑排序。排列组合的中心问题是研究给定要求的排列和组合可能出现的情况总数。

从 n 个不同元素中取 r 个元素的排列数是

$$P_n^r = n(n-1)\cdots(n-r+1) = \frac{n!}{(n-r)!}$$

从 n 个不同元素中取 r 个元素的组合数是

$$C_n^r = \frac{n!}{(n-r)!\ r!} = \frac{n(n-1)\cdots(n-r+1)}{r!}$$

4. 布尔型变量

布尔型变量是有两种逻辑状态的变量，其包含两个值——真和假（true 和 false）。如果在表达式中使用了布尔型变量，那么将根据变量值的真假赋予整型值 1 或 0。

5. 上下取整

上下取整符号为"⌈ ⌉、⌊ ⌋"。$\lceil x \rceil$ 是不小于 x 的最小整数，$\lfloor x \rfloor$ 是不大于 x 的最大整数。取整函数的若干性质如下。

$$x - 1 < \lfloor x \rfloor \leqslant x \leqslant \lceil x \rceil \leqslant x + 1$$

$$\lfloor n/2 \rfloor + \lceil n/2 \rceil = n$$

对于 $n \geqslant 0$ 和 a，$b > 0$，有如下性质。

$$\lceil \lceil n/a \rceil / b \rceil = \lceil n/ab \rceil$$

$$\lfloor \lfloor n/a \rfloor / b \rfloor = \lfloor n/ab \rfloor$$

$$\lceil a/b \rceil \leqslant (a + (b - 1))/b$$

$$\lfloor a/b \rfloor \geqslant (a - (b - 1))/b$$

6. 取模操作符

取模函数返回整除后的余数，有时在数学表达式中用 $n \bmod m$ 表示，"模"是"mod"的音译，在 C++ 语言中模的运算符号为"%"。

7. 对数与指数

以 b 为底，y 的对数可以表示为

$$\log_b y = x \Leftrightarrow b^x = y \Leftrightarrow b^{\log b} = y$$

编程分析中经常用到对数，它有两个典型的用途。第一，许多程序需要对一些对象进行编码，如在对象编码中 n 个编码至少需要 $\lceil \log_2 n \rceil$ 位。第二，对数普遍用于需要把一个问题分解为更小子问题的算法分析，如折半查找的查找次数小于等于 $\log_2 n = \dfrac{\ln n}{\ln 2}$，

其中，$\ln n = \dfrac{\log_c n}{\log_c e}$。

对任意函数 m，n，r，任意正整数 a，b，c，对数运算具有下列性质。

（1）$\log_2(n \cdot m) = \log_2 n + \log_2 m$。

（2）$\log_2 \left(\dfrac{n}{m} \right) = \log_2 n - \log_2 m$。

（3）$r = n^{\log_n^r}$。

（4）$\log_c n^r = r \log_c n$。

（5）$\log_a n = \log_b n / \log_b a$。

对于变量 n 和任意两个正整数变量 a 和 b，$\log_a n$ 与 $\log_b n$ 只相差常数因子，与 n 无关。在算法分析中，大多数代价分析都忽略了常数因子。性质（5）表明这种分析与对数的底数无关，因为它们对整体开销只是改变了 2 个常数因子。

对于正整数 m，n 和实数 $a > 0$，指数运算具有下列性质。

（1）$(a^m)^n = a^{mn} = (a^n)^m$。

（2）$a > 1 \Rightarrow a^n$ 为单调递增函数。

（3）$a > 1 \Rightarrow \lim\limits_{n \to \infty} \dfrac{n^b}{a^n} = 0 \Rightarrow n^b = 0(a^n)$。

（4）$e^x = 1 + x + \dfrac{x^2}{2!} + \dfrac{x^3}{3!} + \cdots = \sum\limits_{i=0}^{\infty} \dfrac{x^i}{i!}$。

（5）$\lim\limits_{n \to \infty} \left(1 + \dfrac{x}{n} \right)^n = e^x$。

8. 数学证明方法

反证法是"间接证明法"的一类，是从反面角度进行证明的方法，即肯定题设而否定

结论，从而得出矛盾。反证法的步骤为先假设所要证明的结论不成立，找出由假设导致的逻辑上的矛盾，从而证明假设错误，定理正确。

数学归纳法是在数学上证明与自然数有关命题的一种特殊方法，主要用来研究与正整数有关的数学问题。数学归纳法的步骤为：归纳假设→基础→推导。

1.5.2 常见的复杂度函数

表1-1所示为常用算法的复杂度函数。随着问题规模的增加，算法的计算效率尤其重要。图1-5和图1-6所示分别为小规模数据和中等规模数据的复杂度增长趋势。

表1-1 常用算法的复杂度函数

复杂度函数	名称
$\log n$	对数
$\log^2 n$	对数平方
n	线性
$n \log n$	线性对数
n^2	平方
n^3	立方
2^n	指数

图1-5所示为常见的小规模数据复杂度增长趋势。在小规模数据下，线性算法的执行时间会随着输入规模的增加而线性增长。线性对数算法的执行时间会比线性算法的执行时间更短，但也会随着输入规模的增加而增加。平方算法的时间复杂度增长量比输入规模增加量快得多，立方算法的时间复杂度增长量比输入规模增加量更快。

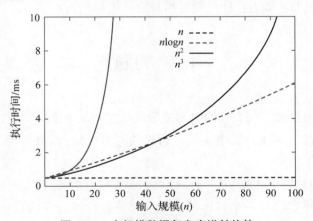

图1-5 小规模数据复杂度增长趋势

图1-6所示为中等规模数据复杂度增长趋势，当数据规模为0~10 000时，线性算法的执行时间增长是比较平缓的，对数算法的执行时间增长也很缓慢，而平方算法和立方算

法的执行时间会急剧增加。因此，在处理大规模数据时，需要选择时间复杂度较低的算法来提高程序效率。

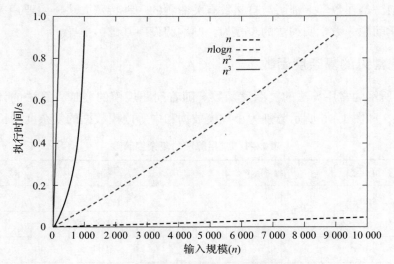

图 1-6 中等规模数据复杂度增长趋势

1.6 本章小节

算法是计算机科学中的重要概念，算法设计要考虑问题的规模、性质和所需时间等因素。在实际应用中，算法的效率并不是唯一的考虑因素，还需要考虑算法的稳定性、可靠性、可维护性等方面。

熟练掌握一门编程语言的语法和常用数据结构对于实现算法非常重要。学习算法可以提高程序员的解决问题的能力，让代码更加高效、优美。

1.7 习题

1. 什么是算法复杂度？简要说明时间复杂度和空间复杂度。

2. 给定两个算法 A 和 B，其中 A 的时间复杂度为 $O(n)$ 而 B 的时间复杂度为 $O(n^2)$。哪个算法更优？为什么？

3. 什么是渐进符号？简述大 O、大 Ω 和大 Θ 符号的含义。

4. 给定一个有序数组和一个目标值，使用二分查找算法查找目标值。分析算法的时间复杂度。

5. 给定函数 $f(n) = 3n^2 + 2n + 1$，计算其时间复杂度。根据定义，求最高次幂项的系数。

6. 给定两个时间复杂度表达式，$T_1(n) = 2n^2 + n$，$T_2(n) = n^3$。判断 T_1 和 T_2 的关系，即判断 T_1 是否为 $O(T_2)$，是否为 $\Omega(T_2)$，是否为 $\Theta(T_2)$。

7. 给定一个算法的时间复杂度表达式 $T(n)$，如果 $T(n) = O(f(n))$，那么是否有 $T(n) + f(n) = O(f(n))$？简要说明原因。

8. 给定一个递归算法的时间复杂度表达式 $T(n)$，如果 $T(n) = T(n/2) + n$，那么它的时间复杂度是多少？

9. 给定一个算法的时间复杂度表达式 $T(n)$，如果 $T(n) = \Omega(g(n))$，那么是否有 $T(n) = \Omega(g(n) + f(n))$（其中 $f(n)$ 是任意正函数）？简要说明原因。

10. 给定一个字符串 S 和一个模式字符串 P，使用 KMP 算法在 S 中查找 P。分析算法的时间复杂度。

第2章

分治算法

※章节导读※

分治算法（Divide and Conquer Algorithm）是一种基于"分而治之"思想的算法，其基本思想是将原问题划分成若干规模较小的子问题，然后递归地解决这些子问题，最后将子问题的解合并成原问题的解。

【学习重点】

（1）分治算法的基本思想和实现过程。需要理解分治算法的核心思想，即将问题分解成子问题并递归求解，以及将子问题的解合并成原问题的解。同时需要学会如何设计分治算法，包括如何确定子问题的规模和如何将问题划分成子问题。

（2）分治算法的应用场景和实际应用。需要了解分治算法在这些领域的实际应用情况，以及如何针对具体问题设计分治算法。

（3）分治算法的时间复杂度和空间复杂度分析。需要掌握如何分析分治算法的时间复杂度和空间复杂度，以便评估算法的效率和优化算法的性能。

【学习难点】

（1）子问题的设计和规模的确定。在设计分治算法时，需要确定子问题的规模和将问题划分成子问题，这需要具有一定的抽象思维和数学能力。

（2）子问题的合并和结果的处理。在分治算法中，子问题的解需要进行合并，然后才能得到原问题的解。进行子问题的合并和结果的处理，需要具有一定的编程能力和算法实现经验。

（3）递归调用和栈溢出问题。分治算法通常采用递归调用的方式，但是递归层数过多会导致栈溢出的问题。因此，在设计分治算法时，需要注意递归调用的次数和栈的大小。

2.1　引言

在计算机科学中，分治算法是一种常见的算法设计策略。其字面上的解释是"分而治之"，它的核心思想是将一个大问题划分成若干规模较小但结构相似的子问题，递归地解决每个子问题，最后将各子问题的解合并成原问题的解。

分治算法在计算机科学中被广泛应用，例如排序（快速排序、归并排序）、矩阵乘法、最大子数组和、快速幂等数学问题等。它在很多场合都能够提高算法的效率，降低计算的时间复杂度。

分治算法的优点是能够将问题分解成独立的子问题，使每个子问题的解决过程可以并行执行，提高算法的并行性能；同时，该算法也容易被实现和调试。但是，分治算法可能导致递归的深度较大，使算法的空间复杂度较高。因此，在使用分治算法时需要谨慎考虑问题规模和算法复杂度的平衡。

2.2　分治算法的基本思想

任何一个可以用计算机求解的问题所需的计算时间都与其规模有关。问题的规模越小，越容易直接求解，解题所需的计算时间也越短。例如，对于 n 个元素的排序问题，当 $n=1$ 时，不需要任何计算；当 $n=2$ 时，只要做一次比较即可排好序；当 $n=3$ 时，只要做 3 次比较即可排好序……当 n 较大时，问题就不那么容易处理了。直接解决一个规模较大的问题，有时是相当困难的。

分治算法的设计思想是，将一个难以直接解决的大问题分割成一些规模较小的相同问题，以便各个击破，分而治之。

具体来说，对于一个规模为 n 的问题，若该问题可以容易地解决（比如说规模 n 较小）则直接解决，否则将其分解为 k 个规模较小的子问题，这些子问题互相独立且与原问题形式相同，递归地解决这些子问题，然后将各子问题的解合并得到原问题的解。这种算法设计策略叫作分治算法。

2.2.1　分治与递归

如果原问题可分割成 k 个子问题（$1 < k \leqslant n$），且这些子问题都可解并可利用这些子问题的解求出原问题的解，那么这种分治算法就是可行的。由分治算法产生的子问题往往是原问题的较小模式，这就为使用递归技术提供了方便。在这种情况下，反复应用分治手段，可以使子问题与原问题类型一致而其规模却不断缩小，最终使子问题缩小到很容易直接求出解的规模。这自然导致递归过程的产生。分治与递归像一对孪生兄弟，经常同时应

用在算法设计中，并由此产生许多高效算法。

分治算法所能解决的问题一般具有以下几个特征。

（1）该问题的规模缩小到一定的程度就可以容易地解决。

（2）该问题可以分解为若干个规模较小的相同问题，即该问题具有最优子结构性质。

（3）该问题所分解出的子问题的解可以合并为该问题的解。

（4）该问题所分解出的各子问题是相互独立的，即各子问题不包含公共的子问题。

上述特征（1）是绝大多数问题都可以满足的，因为问题的计算复杂度一般随着问题规模的增加而增加；特征（2）是应用分治算法的前提，它也是大多数问题可以满足的，此特征反映了递归思想的应用；特征（3）是关键，能否利用分治法完全取决于问题是否具有特征（3），如果问题具备特征（1）和（2），而不具备特征（3），则可以考虑用贪心算法或动态规划算法；特征（4）涉及分治算法的效率，如果各子问题不独立，则分治算法要重复地解公共的子问题，此时虽然可用分治算法，但一般用动态规划算法较好。

2.2.2　分治算法的基本步骤

分治算法在每一层递归上都有 3 个步骤。

（1）分解：将原问题分解为若干规模较小、相互独立、与原问题形式相同的子问题。

（2）解决：若子问题规模较小而容易被解决则直接解决，否则递归地解决各子问题。

（3）合并：将各子问题的解合并为原问题的解。

```
Divide - and - Conquer(P)
    if |P|≤n₀
    Then return(ADHOC(P))
    else 将 P 分解为较小的子问题 P₁,P₂,…,Pₖ
        for i←1 to k
            do yᵢ←Divide - and - Conquer(Pᵢ) //递归解决 Pᵢ
            T←MERGE(y₁,y₂,…,yₖ) //合并子问题
    return(T)
}
```

分治算法的一般设计模式如下。

其中 $|P|$ 表示问题 P 的规模；n_0 为一阈值，表示当问题 P 的规模不超过 n_0 时，问题已容易直接解决，不必继续分解。ADHOC(P)是该分治算法中的基本子算法，用于直接解决小规模的问题 P。因此，当 P 的规模不超过 n_0 时直接用算法 ADHOC(P)求解。算法 MERGE$(y_1,y_2,\cdots y_k)$ 是该分治法中的合并子算法，用于将 P 的子问题 P_1，P_2，$\cdots$，P_k 的相应的解 y_1，y_2，$\cdots y_k$ 合并为 P 的解。

人们从大量实践中发现，在设计分治法算法时，最好使子问题的规模大致相同。换句话说，将一个问题划分成大小相等的 k 个子问题的处理方法是行之有效的。对许多问题可以取 $k=2$。这种使子问题规模大致相等的做法是出自一种平衡（balancing）子问题的思想，它几乎总是比子问题规模不等的做法好。

2.2.3　递归树与主方法

分治算法的时间复杂度通常可以表示为递归式 $T(n)$，其中 n 是问题的规模，形成的递归方程一般表示为

$$T(n) = \begin{cases} 1, & n=1 \\ aT(n/b) + f(n), & n>1 \end{cases}$$

其中，$a \geqslant 1$，$b > 1$，$f(n)$ 是非负函数。

对于上述递归方程的求解，通常采用递归树或主方法（Master Theorem），下面分别介绍两种求解方法。

1. 递归树求解

递归树是一种直观的求解递归方程的方法，它通过将递归过程表示成一棵树的形式来求解递归方程的复杂度。具体来说，将原问题分解成若干子问题，再将每个子问题分解成更小的子问题，直到最小规模的子问题可以直接解决，这些子问题构成了一棵递归树。

在递归树中，每个节点代表一个子问题的规模，每个节点的代价表示解决该子问题所需的时间复杂度。叶子节点表示的是最小规模的子问题，而树的高度代表了递归的深度。最终，问题的复杂度可以通过计算递归树的总代价得到。

例如，递归方程 $T(n) = \begin{cases} 1, & n=1 \\ 3T(n/4) + cn^2, & n>1 \end{cases}$ 的递归树如图 2 - 1 所示。

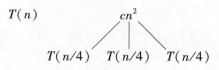

图 2 - 1　$T(n)$ 的递归树

此时，$T(n) = 3T(n) + cn^2$，即递归树中各个节点的和。其中子树 $T(n/4)$ 还可以继续迭代替换，如图 2 - 2 所示。

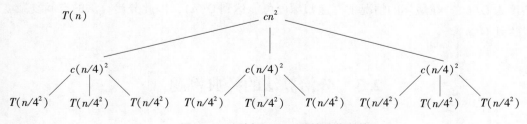

图 2 - 2　子树 $T(n/4)$ 继续迭代替换

此时，$T(n) = 3T(n/4^2) + 3c(n/4)^2 + cn^2$，继续迭代，直到递归的边界（图 2 - 3）。

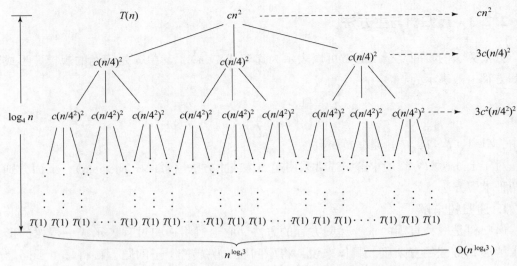

图 2-3 $T(n) = 3T(n/4^2) + 3c(n/4)^2 + cn^2$ 的递归树

整个递归树的节点相加，得出两项，即 $n^{\log_4 3}$ 与 n^2 项，取高阶项，因此，递归方程的解为 $O(n^{\log_4 3})$。

递归树的优点是直观、易于理解，可以清楚地看到递归方程的每个子问题的规模和代价。它的缺点也很明显，即它只能给出一个上界，而不能给出一个精确的复杂度。

2. 主方法求解

分治算法的时间复杂度分析可以采用主方法。

主方法有 3 种情况。

如果递归方程的形式是 $T(n) = aT(n/b) + f(n)$（其中 $a \geq 1$，$b > 1$，$f(n)$ 是非负函数），则有以下情况。

情况一：如果 $f(n) = O(n^c)$，其中 $c < \log_b a$，则 $T(n) = \Theta(n^{\log_b a})$。

情况二：如果 $f(n) = \Theta(n^{\log_b a})$，其中 $c > 0$，则 $T(n) = \Theta(n^{\log_b a} \log n)$。

情况三：如果 $f(n) = O(n^c)$，其中 $c > \log_b a$，则 $T(n) = \Theta(f(n))$。

分治算法的空间复杂度通常是递归调用所需要的栈空间。如果递归深度为 h，则空间复杂度为 $O(h)$。在最坏的情况下，递归深度可能达到 $O(n)$，因此分治算法的空间复杂度可以达到 $O(n)$。

2.3 分治算法的经典例题

2.3.1 归并排序

1. 问题描述

归并排序是一种基于分治思想的排序算法，它的主要思想是将一个待排序的数组不断地分成两个规模相等的子数组，然后对这两个子数组分别排序，最后将它们合并成一个有序的数组。归并排序示意如图 2－4 所示。

图 2－4　归并排序示意

2. 分治算法的原理

归并排序的分治算法主要包含以下 3 个步骤。

（1）分解：将原问题分成若干规模较小的子问题，这里是将数组不断地平分成两个子数组。

（2）解决：递归地求解每个子问题，直到子问题的规模足够小，可以直接求解。

（3）合并：将子问题的解合并得到原问题的解，这里是将两个已排好序的子数组合并成一个有序的数组。

归并排序的核心操作就是合并两个有序数组。假设要合并的两个数组分别为 A 和 B，可以用两个指针 i 和 j 分别指向数组 A 和 B 的开头，然后比较 A[i] 和 B[j] 的大小，将较小的元素加入结果数组，同时移动对应的指针，直到其中一个数组的元素全部加入结果数组，然后将另一个数组的剩余元素依次加入结果数组。

3. 代码实现

```cpp
void merge(vector < int >& nums, int left, int mid, int right) {
    //创建两个数组,用于存放需要合并的两个有序数组
    vector < int > leftArray(mid - left + 1);
    vector < int > rightArray(right - mid);
    //将需要合并的两个有序数组存入这两个数组
    for (int i = 0; i < leftArray.size(); i ++) {
        leftArray[i] = nums[left + i];
    }
    for (int i = 0; i < rightArray.size(); i ++) {
        rightArray[i] = nums[mid + 1 + i];
    }
    //初始化 3 个指针,i 指向左数组的起始位置,j 指向右数组的起始位置,k 指向合并后的数组
的起始位置
    int i = 0, j = 0, k = left;
    //将左、右两个数组中较小的元素依次放入合并后的数组
    while (i < leftArray.size() && j < rightArray.size()) {
        if (leftArray[i] <= rightArray[j]) {
            nums[k] = leftArray[i];
            i ++;
        } else {
            nums[k] = rightArray[j];
            j ++;
        }
        k ++;
    }
```

```
        //将左数组中剩余的元素放入合并后的数组
        while (i < leftArray.size()) {
            nums[k] = leftArray[i];
            i ++;
            k ++;
        }
        //将右数组中剩余的元素放入合并后的数组
        while (j < rightArray.size()) {
            nums[k] = rightArray[j];
            j ++;
            k ++;
        }
}
//归并排序
void mergeSort(vector < int >& nums, int left, int right) {
    if (left < right) {
        int mid = (left + right) /2;
        //递归地对左、右两个子数组进行排序
        mergeSort(nums, left, mid);
        mergeSort(nums, mid + 1, right);
        //合并左、右两个有序数组
        merge(nums, left, mid, right);
    }
}
```

4. 算法分析

归并排序的时间复杂度可以表示为

$$
T(n) = \begin{cases} O(1), & n = 1 \\ 2T\left(\dfrac{n}{2}\right) + O(n), & n > 1 \end{cases}
$$

根据主方法，这属于情况二，即其中 $a = 2$，$b = 2$，$c = 1$，那么 $n^{\log_{b}2} = n$，且 $f(n) = n$。因此，$f(n) = \Theta(n^{\log_{b}a})$，则 $T(n) = \Theta(n^{\log_{b}a}\log n)$，故为 $O(n\log n)$。它的空间复杂度为 $O(n)$，因为需要额外使用一个长度为 n 的数组存储归并操作。

归并排序的主要缺点是需要额外的存储空间，因此它在处理大规模数据时可能面临内存限制的问题。此外，归并排序的递归实现可能导致函数调用的层次较深，从而带来一定的性能开销。

归并排序是一种稳定的排序算法，它不会改变相等元素之间的相对顺序。

2.3.2 大整数乘法问题

1. 问题描述

大整数乘法问题是指计算两个非常大的整数的乘积。由于计算机系统的整数类型（如 int、long）的存储长度是有限的，不能直接计算长度超过它们存储长度的整数的乘积，所以需要使用特殊的算法来解决大整数乘法问题。

来看下面的例子。

【**例 2.1**】计算两个 16 位整数的乘积：3 563 474 256 143 563 × 8 976 558 458 718 976（图 2-5）。

```
              3 563 474 256 143 563
           × 8 976 558 458 718 976
             21 380 845 536 861 378
             24 944 319 793 004 941
             32 071 268 305 292 067
             28 507 794 049 148 504
              3 563 474 256 143 563
             24 944 319 793 004 941
             28 507 794 049 148 504
             17 817 371 280 717 815
             14 253 897 024 574 252
             28 507 794 049 148 504
             17 817 371 280 717 815
             17 817 371 280 717 815
             21 380 845 536 861 378
             24 944 319 793 004 941
             32 071 268 305 292 067
           + 28 507 794 049 148 504
    31 987 734 976 412 811 376 690 928 351 488
```

图 2-5　两个 16 位整数的乘积

可以看出，两个 n 位整数的乘积需要 $O(n^2)$ 的时间复杂度，因为对于乘数的每一位，需要进行 n 次乘法计算（乘数共有 n 位）。

2. 分治算法的原理

经典的大整数乘法算法有两种：暴力算法和 Karatsuba 算法。暴力算法使用简单的矩阵乘法运算把两个大整数转换为数组，并使用矩阵乘法运算把两个数组相乘。Karatsuba 算法是一种分治算法，它把大整数拆分为若干较小的整数，再分别对它们进行乘法运算。

下面用 Karatsuba 算法来设计大整数乘法算法。

将 n 位的二进制整数 X 和 Y 各分为 2 段，每段的长为 $n/2$ 位（为简单起见，假设 n 是 2 的幂），如图 2-6 所示。

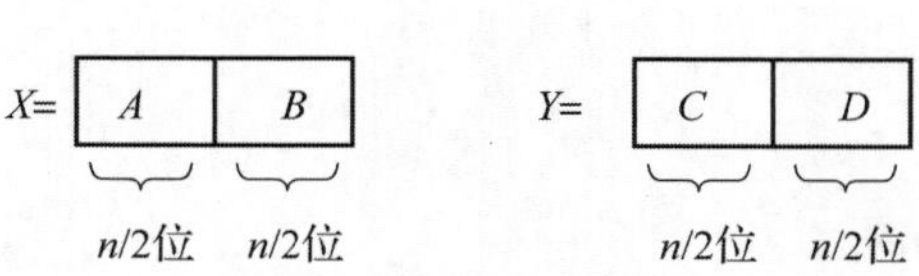

图 2-6　大整数 X 和 Y 的分段

由此，$X = A2^{n/2} + B$，$Y = C2^{n/2} + D$。这样，X 和 Y 的乘积为

$$XY = (A2^{n/2} + B)(C^{2n/2} + D) = AC2^n + (AD + CB)2^{n/2} + BD$$

如果按上式计算 XY，则必须进行 4 次 $n/2$ 位整数的乘法（AC，AD，BC 和 BD），以及 3 次不超过 n 位的整数加法（分别对应于式中的加号），此外还要做 2 次移位（分别对应于乘以 2^n 和乘以 $2^{n/2}$）。所有这些加法和移位共用 $O(n)$ 步运算。设 $T(n)$ 是 2 个 n 位整数相乘所需的运算总数，则有

$$T(n) = \begin{cases} O(1), & n = 1 \\ 4T\left(\dfrac{n}{2}\right) + O(n), & n > 1 \end{cases}$$

求解上述递归方程，根据主方法，这属于情况一，即其中 $a = 2$，$b = 4$，$c = 1$，$n^{\log_b 4} = n^2$，而 $f(n) = n$。因此，$f(n) < \Theta(n^{\operatorname{clog}_b a})$，则 $T(n) = \Theta(n^{\operatorname{clog}_b a})$，故为 $O(n^2)$。它的空间复杂度为 $O(n)$，当 n 变成 1 时，递归就停止了。或者当认为 n 已经够小了，小到可以直接对这样大小的数相乘时，递归就可以停止了。在该方法中，求解该递归方程，可得 $T(n) = O(n^2)$。因此，要想改进算法的计算复杂度，必须减少乘法次数，为此把 XY 写成另一种形式：

$$XY = AC2^n + [(A - D)(B - C) + AC + BD]2^{n/2} + BD$$

虽然该式形式上更复杂，但它仅需做 3 次 $n/2$ 位整数的乘法 $[AC，BD$ 和 $(A - B)(D - C)]$，6 次加、减法和 2 次移位，即

$$T(n) = \begin{cases} O(1), & n = 1 \\ 3T\left(\dfrac{n}{2}\right) + O(n), & n > 1 \end{cases}$$

求解上述递归方程，根据主方法，这属于情况一，即其中 $a = 2$，$b = 3$，$c = 1$，$f(n) = n$。可知，$f(n) < \Theta(n^{\log_2 3})$，则 $T(n) = \Theta(n^{\log_2 3})$，故时间复杂度为 $O(n^{1.59})$。

3. 代码实现

```
//将一个字符串转换为数字数组
vector < int > to_vector(const string& str) {
    vector < int > vec(str.size());
    for (int i = 0; i < str.size(); ++i) {
        vec[i] = str[i] - '0';
    }
    return vec;
}
//在数字数组前面填充 0,使其长度为 2 的幂
void fill_zero(vector < int >& vec) {
    int len = vec.size();
    int n = 1;
    while (n < len) {
        n <<= 1;
    }
    vec.resize(n, 0);
}
//将两个长度相同的数字数组相加
void add(vector < int >& a, const vector < int >& b) {
    int carry = 0;
    for (int i = 0; i < a.size(); ++i) {
        a[i] += b[i] + carry;
        carry = a[i] /10;
        a[i] % = 10;
    }
}
//将两个长度相同的数字数组相减
```

```cpp
void subtract(vector < int >& a, const vector < int >& b) {
    int borrow = 0;
    for (int i = 0; i < a.size(); ++i) {
        a[i] -= b[i] + borrow;
        if (a[i] < 0) {
            a[i] += 10;
            borrow = 1;
        } else {
            borrow = 0;
        }
    }
}
//将一个数字数组表示的整数转换为字符串
string to_string(const vector < int >& vec) {
    int i = vec.size() - 1;
    while (i >= 0 && vec[i] == 0) {
        --i;
    }
    if (i < 0) {
        return "0";
    }
    string str(i + 1, '0');
    for (int j = 0; j <= i; ++j) {
        str[i - j] = vec[j] + '0';
    }
    return str;
}
//对两个数字数组进行 Karatsuba 乘法
vector < int > karatsuba(const vector < int >& a, const vector < int >& b) {
    int n = a.size();
    vector < int > res(2 * n);
    //如果 a 或 b 是单个数字,则直接相乘
    if (n == 1) {
        int val = a[0] * b[0];
        res[0] = val % 10;
        res[1] = val /10;
        return res;
    }

    int half = n /2;

    //将 a 和 b 分成两个长度相同的数字数组
    vector < int > a0(a.begin(), a.begin() + half);
    vector < int > a1(a.begin() + half, a.end());
    vector < int > b0(b.begin(), b.begin() + half);
    vector < int > b1(b.begin() + half, b.end());

    //计算 z2、z0 和 z1
    vector < int > z2 = karatsuba(a1, b1);
    vector < int > z0 = karatsuba(a0, b0);
    add(a0, a1);
```

```
    add(b0, b1);
vector < int > z1 = karatsuba(a0, b0);

//计算 res 的高位部分
for (int i = 0; i < z2.size(); ++i) {
    res[i + n] += z2[i];
}

//计算 res 的低位部分
for (int i = 0; i < z0.size(); ++i) {
    res[i] += z0[i];
}
subtract(res, z1);
subtract(res, z2);
return res;
}
```

4. 算法分析

Karatsuba 算法的主要思想是将大规模的乘法转换为小规模的乘法和加法，从而降低算法的时间复杂度。该算法采用分治的策略，将两个长度相同的数字数组 'a' 和 'b' 分成两半，分别计算 'a1 * b1'、'a0 * b0' 和 '(a0 + a1) * (b0 + b1)' 的乘积，然后将它们组合起来得到 'a * b' 的乘积。

在实现 Karatsuba 算法时，需要处理一些细节问题，例如将数字数组填充为长度为 2 的幂，以便进行递归计算，以及对于长度不足 2 的数字数组，直接进行普通乘法计算等。

总体而言，Karatsuba 算法的时间复杂度是 $O(n^{\log 3})$，优于普通的时间复杂度是 $O(n^2)$ 的算法，但由于其常数因子较大，实际上只有在较大的数值范围内才能体现其优势。

2.2.3　Strassen 矩阵乘法

1. 问题描述

矩阵乘法是线性代数中最常见的问题之一，它在数值计算中有广泛的应用。设 A 和 B 是两个 $n \times n$ 矩阵，它们的乘积 AB 同样是一个 $n \times n$ 矩阵。A 和 B 的乘积矩阵 C 中元素 c_{ij} 定义为

$$C_{ij} = \sum_{k=1}^{n} a_{ik} b_{kj}$$

矩阵乘法的主要代码如下：

```cpp
void Mul(int * * matrixA, int * * matrixB, int * * matrixC)
{
  for (int i = 0; i < 2; ++i)
  {
    for (int j = 0; j < 2; ++j)
    {
      matrixC[i][j] = 0;
    for (int k = 0; k < 2; ++k)
    {
```

```
        matrixC[i][j] += matrixA[i][k] * matrixB[k][j];
      }
    }
  }
}
```

　　若依此定义计算矩阵 **A** 和 **B** 的乘积 **C**，则每计算 **C** 的一个元素 c_{ij} 需要做 n 次乘法和 $n-1$ 次加法。因此，求出矩阵 **C** 的 n^2 个元素所需的计算时间为 O(n^3)。

2. 分治算法的原理

　　20 世纪 60 年代末，Strassen 采用了类似在大整数乘法中用过的分治技术，将计算 2 个 n 阶矩阵乘积所需的计算时间改进到 O$(n^{\log_2 7}) \approx$ O$(n^{2.81})$。其基本思想还是使用分治算法。

　　如图 2-7 所示，将矩阵 **A** 划分为 4 个 $n/2$ 阶方阵，则 **A** 与 **B** 相乘时，将产生如下 8 次乘法运算和 4 次加法运算。

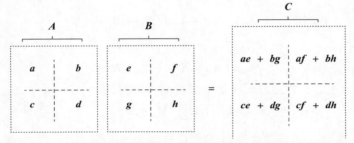

图 2-7　利用分治算法进行划分，变成 8 次乘法运算和 4 次加法运算

　　在此，为了简单起见，假设 n 是 2 的幂。将矩阵 **A**，**B** 和 **C** 中的每一个矩阵都划分成 4 个大小相等的子矩阵，每个子矩阵都是 $(n/2) \times (n/2)$ 的方阵。由此可将方程 **C** = **AB** 重写为

$$\begin{bmatrix} \boldsymbol{C}_{11} & \boldsymbol{C}_{12} \\ \boldsymbol{C}_{21} & \boldsymbol{C}_{22} \end{bmatrix} = \begin{bmatrix} \boldsymbol{A}_{11} & \boldsymbol{A}_{12} \\ \boldsymbol{A}_{21} & \boldsymbol{A}_{22} \end{bmatrix} \begin{bmatrix} \boldsymbol{B}_{11} & \boldsymbol{B}_{12} \\ \boldsymbol{B}_{21} & \boldsymbol{B}_{22} \end{bmatrix}$$

由此可得

$$\boldsymbol{C}_{11} = \boldsymbol{A}_{11}\boldsymbol{B}_{11} + \boldsymbol{A}_{12}\boldsymbol{B}_{21}$$

$$\boldsymbol{C}_{12} = \boldsymbol{A}_{11}\boldsymbol{B}_{12} + \boldsymbol{A}_{12}\boldsymbol{B}_{22}$$

$$\boldsymbol{C}_{21} = \boldsymbol{A}_{21}\boldsymbol{B}_{11} + \boldsymbol{A}_{22}\boldsymbol{B}_{21}$$

$$\boldsymbol{C}_{22} = \boldsymbol{A}_{21}\boldsymbol{B}_{12} + \boldsymbol{A}_{22}\boldsymbol{B}_{22}$$

　　如果 $n=2$，则 2 个 2 阶方阵的乘积可以直接计算出来，共需 8 次乘法和 4 次加法。当子矩阵的阶大于 2 时，为了求 2 个子矩阵的积，可以继续将子矩阵分块，直到子矩阵的阶降为 2。由此产生了分治降阶的递归算法。依此算法，计算 2 个 n 阶方阵的乘积转化为计算 8 个 $n/2$ 阶方阵的乘积和 4 个 $n/2$ 阶方阵的和。2 个 $(n/2) \times (n/2)$ 矩阵的加法显然可以在 O(n^2) 时间内完成。因此，上述分治算法的计算时间 $T(n)$ 应满足

$$T(n) = \begin{cases} \text{O}(1), & n=2 \\ 8T\left(\dfrac{n}{2}\right) + \text{O}(n^2), & n>2 \end{cases}$$

　　求解上述递归方程，根据主方法，这属于情况一，即其中 $a=2$，$b=8$，$c=1$，$f(n)=$

n^2。可知，$f(n) < \Theta(n^{\log_2 8})$，则 $T(n) = \Theta(n^{\log_2 8})$，这个递归方程的解仍然是 $T(n) = O(n^3)$。因此，该方法并不比用原始定义直接计算更有效。究其原因，是该方法并没有减少矩阵的乘法次数，而矩阵乘法耗费的时间要比矩阵加（减）法耗费的时间多得多。要想改进矩阵乘法计算的时间复杂度，必须减少矩阵乘法运算。

由上述分治算法的思想可以看出，要想减少乘法运算次数，关键在于计算 2 个 2 阶方阵的乘积时，能否用少于 8 次的乘法运算。Strassen 提出了一种新的算法来计算 2 个 2 阶方阵的乘积。该算法只用了 7 次乘法运算，但增加了加、减法运算的次数。这 7 次乘法如下：

$$M_1 = A_{11}(B_{12} - B_{22})$$
$$M_2 = (A_{11} + A_{12})B_{22}$$
$$M_3 = (A_{21} + A_{22})B_{11}$$
$$M_4 = A_{22}(B_{21} - B_{11})$$
$$M_5 = (A_{11} + A_{22})(B_{11} + B_{22})$$
$$M_6 = (A_{12} - A_{22})(B_{21} + B_{22})$$
$$M_7 = (A_{11} - A_{21})(B_{11} + B_{12})$$

做了这 7 次乘法后，再做若干次加、减法就可以得到

$$C_{11} = M_5 + M_4 - M_2 + M_6$$
$$C_{12} = M_1 + M_2$$
$$C_{21} = M_3 + M_4$$
$$C_{22} = M_5 + M_1 - M_3 - M_7$$

以上计算的正确性很容易验证。

在 Strassen 矩阵乘法中，用了 7 次对于 $n/2$ 阶矩阵乘积的递归调用和 18 次 $n/2$ 阶矩阵的加、减运算。由此可知，该算法所需的计算时间 $T(n)$ 满足如下递归方程：

$$T(n) = \begin{cases} O(1), & n = 2 \\ 7T\left(\dfrac{n}{2}\right) + O(n^2), & n > 2 \end{cases}$$

解此递归方程得 $T(n) = O(n^{\log 7}) \approx O(n^{2.81})$。由此可见，Strassen 矩阵乘法的计算时间复杂度比普通矩阵乘法有较大改进。

有人曾列举了计算 2 个 2×2 阶矩阵乘法的 36 种不同方法，但所有的方法都至少做 7 次乘法运算。除非能找到一种计算 2 阶方阵乘积的算法，使乘法运算的次数少于 7 次，计算矩阵乘积的计算时间下界才有可能低于 $O(n^{2.81})$。但是 Hopcroft 和 Kerr 已经证明（1971），计算 2 个 2×2 矩阵的乘积，7 次乘法运算是必要的。因此，要想进一步改进矩阵乘法的时间复杂度，就不能再基于计算 2×2 矩阵的 7 次乘法这样的方法了。或许应当研究 3×3 矩阵或 5×5 矩阵的更好算法。在 Strassen 算法之后又有许多算法改进了矩阵乘法的计算时间复杂度。目前最好的计算时间上界是 $O(n^{2.376})$，与通用算法相比，其效率如图 2-8 所示。目前所知道的矩阵乘法最好的计算时间下界仍是它的平凡下界 $\Omega(n^2)$。因此，到目前为止还无法确切知道矩阵乘法的时间复杂度。关于这一研究课题还有许多工作可做。

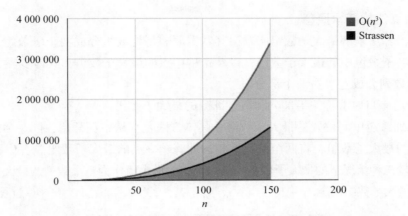

图 2 - 8　随着 n 变大，Strassen 算法与比通用矩阵相乘算法的比较

2.3.4　最大子数组问题

1. 问题描述

最大子数组问题是指，给定一个数列，找到该数列中的一个连续的子数组，使子数组元素之和最大。例如，对于数列 $\{-2, 1, -3, 4, -1, 2, 1, -5, 4\}$，最大子数组为 $\{4, -1, 2, 1\}$，其元素之和为 6。

最大子数组算法具有广泛的应用，在实际生活中随处可见。例如：在数据库中，最大子数组算法可以用于优化查询性能，特别是当涉及大量数据时，可以使用最大子数组算法来查找具有最大总和的连续子序列，从而提高数据库的查询速度；在金融领域，可以使用最大子数组算法来查找涨幅最大的股票，从而帮助投资者做出更好的决策；在机器学习领域，最大子数组算法可以用于特征选择和数据预处理，从而提高模型的准确性；在图像处理中，可以使用最大子数组算法来查找图像中最大的亮度变化，从而识别出物体的轮廓等。

暴力算法可以用于求解最大子数组问题，对于每一个子数组，计算其元素之和，然后找到其中和最大的子数组，这样的时间复杂度为 $O(n^3)$，因为需要枚举子数组的起始位置和终止位置，每个子数组需要 $O(n)$ 的时间计算元素之和。以下是暴力算法的示例代码。

```cpp
int max_subarray_sum(const vector < int > & nums) {
    int n = nums.size();
    int max_sum = INT_MIN;
    for (int i = 0; i < n; i ++) {
        for (int j = i; j < n; j ++) {
            int sum = 0;
            for (int k = i; k <= j; k ++) {
                sum += nums[k];
            }
            max_sum = max(max_sum, sum);
        }
    }
    return max_sum;
}
```

2. 分治算法的基本原理

采用分治算法求解最大子数组问题，其基本原理是将数组分成两个子数组，分别找到左子数组和右子数组中的最大子数组，以及跨越中点的最大子数组，具体步骤如下。

（1）将数列分成左、右两个部分。

（2）分别递归地求解左半部分和右半部分的最大子数组。

（3）找到跨越中间位置的最大子数组。具体方法是，从中点开始，向左和向右分别求出包含中点的最大子数组，将两个子数组相加即跨越中点的最大子数组。

（4）比较三种情况下的最大子数组和，取其中的最大值作为整个数列的最大子数组和。

例如，最大子数组问题 $\{-2, 1, -3, 4, -1, 2, 1, -5, 4\}$ 的计算过程见表 $2-1$。

表 2-1　最大子数组问题分治算法的计算过程

递归层次	数组分割	左半部分 L 的最大子数组	右半部分 R 的最大子数组	跨越 L 和 R 的最大子数组
0	$A[0:8]$	—	—	—
1	$A[0:4]$	$\{4\}$	$\{2, 1\}$	$\{4, -3, 1, 2, 1\}$
2	$A[0:2]$	$\{1\}$	$\{-3\}$	$\{1\}$
3	$A[0:1]$	$\{-2\}$	$\{1\}$	$\{1\}$
3	$A[2:2]$	$\{-3\}$	$\{-3\}$	$\{-3\}$
2	$A[3:4]$	$\{4\}$	$\{-1\}$	$\{4, -1\}$
1	$A[5:8]$	$\{2\}$	$\{4, -1, 2\}$	$\{2, 1, -5, 4\}$
2	$A[5:6]$	$\{2\}$	$\{2\}$	$\{2\}$
2	$A[7:8]$	$\{-5\}$	$\{4\}$	$\{4\}$

其中，每一行表示一个递归层次，其中“数组分割”列表示当前数组的左、右分割点，第 3 列 ~ 第 5 列分别表示左半部分 L 的最大子数组、右半部分 R 的最大子数组和跨越 L 和 R 的最大子数组。在表 $2-1$ 中，“—”表示暂无计算结果或没有进行计算。

3. 代码实现

```cpp
//求跨越中点的最大子数组
int max_cross_subarray(const vector < int >& nums, int left, int mid, int right) {
    int left_max = INT_MIN, right_max = INT_MIN; //初始化左、右两侧的最大子数组和
    int sum = 0;
    for (int i = mid; i >= left; i --) { //从中点向左扫描
        sum += nums[i];
        left_max = max(left_max, sum); //记录左侧最大子数组和
    }
    sum = 0;
    for (int i = mid + 1; i <= right; i ++) { //从中点向右扫描
        sum += nums[i];
        right_max = max(right_max, sum); //记录右侧最大子数组和
```

```
        }
        return left_max + right_max; //返回跨越中点的最大子数组和
    }
    //递归求解最大子数组
    int max_subarray_sum(const vector < int >& nums, int left, int right) {
        if (left == right) { //数组只有一个元素
            return nums[left];
        }
        int mid = (left + right) /2; //中点
        int left_sum = max_subarray_sum(nums, left, mid); //递归求解左子数组的最大子
数组和
        int right_sum = max_subarray_sum(nums, mid + 1, right); //递归求解右子数组
的最大子数组和
        int cross_sum = max_cross_subarray(nums, left, mid, right); //求跨越中点的
最大子数组和
        return max(max(left_sum, right_sum), cross_sum); //返回三者中的最大值
    }
```

在这个实现中，首先定义了一个辅助函数 max_cross_subarray，用于求解跨越中点的最大子数组，然后定义了主函数 max_subarray_sum，它是一个递归函数，用于求解最大子数组。首先检查数组是否只有一个元素，如果是，则返回该元素，否则，找到数组的中点，并递归地求解左子数组和右子数组的最大子数组和；然后，使用辅助函数 max_cross_subarray 求解跨越中点的最大子数组和，并返回三者中的最大值。

4. 算法分析

最大子数组问题的分治算法的时间复杂度为 $O(n\log n)$，其中 n 表示数列的长度。在最坏的情况下，最大子数组位于数列的左半部分或右半部分，因此需要递归调用 n 次，每次需要 $O(n)$ 的时间复杂度来计算跨越中点的最大子数组。因此，最坏的情况下的时间复杂度为 $O(n^2)$。

但是，由于在大多数情况下，最大子数组位于数列的左半部分、右半部分或跨越中点，所以平均时间复杂度为 $O(n\log n)$。

最大子数组问题的空间复杂度为 $O(\log n)$，因为递归调用的深度为 $O(\log n)$。

2.3.5　棋盘覆盖问题

1. 问题描述

棋盘覆盖问题是指，在一个 $2^k \times 2^k$ 的棋盘上，恰好有一个方格是"特殊方格"［图 2-9 (a)］，现在需要用 L 形骨牌（3 个方格组成的骨牌，形状像"L"）覆盖其余方格［图 2-9 (b) ~ (e)］，使其恰好覆盖所有非特殊方格，且任何两个 L 形骨牌不重叠、不相交。如何用最少的 L 形骨牌完成任务？

2. 分治算法的原理

在棋盘覆盖问题中，用图 2-9 (b) ~ (e) 所示的 4 种不同形态的 L 形骨牌覆盖一个给定的特殊棋盘上除特殊方格以外的所有方格，且任何 2 个 L 形骨牌不得重叠覆盖。易知，在任何一个 $2^k \times 2^k$ 的棋盘覆盖中，用到的 L 形骨牌个数恰好为 $(4^k - 1)/3$。

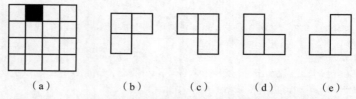

（a）　　　　（b）　　　　（c）　　　　（d）　　　　（e）

图 2 – 9　k = 2 时的一个特殊棋盘以及 4 种不同形态的 L 形骨牌

用分治策略，可以设计解棋盘覆盖问题的一个简捷的算法。

当 k > 0 时，将 $2^k \times 2^k$ 的棋盘分割为 4 个 $2^{k-1} \times 2^{k-1}$ 的子棋盘，如图 2 – 10（a）所示。特殊方格必位于 4 个较小子棋盘之一，其余 3 个子棋盘中无特殊方格。为了将这 3 个无特殊方格的子棋盘转化为特殊棋盘，可以用一个 L 形骨牌覆盖这 3 个较小棋盘的会合处，如图 2 – 10（b）所示，这 3 个子棋盘上被 L 形骨牌覆盖的方格就成为该棋盘上的特殊方格，从而将原问题转化为 4 个较小规模的棋盘覆盖问题。递归地使用这种分割，直至将棋盘简化为 1 × 1 的棋盘。

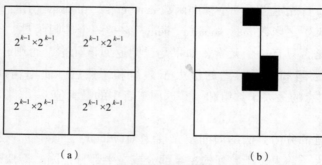

（a）　　　　　　　　　　　　　（b）

图 2 – 10　棋盘分割示意

3. 代码实现

实现这种分治算法的代码如下。

```
void ChessBoard(int tr,int tc,int dr,int dc,int size)
{   if(size == 1)return;
    int t = tile ++ ,//L 形骨牌号
        s = size /2;//分割棋盘
    //覆盖左上角子棋盘
    if(dr < tr + s&&dc < tc + s)
        //特殊方格在此棋盘中
        ChessBoard(tr,tc,dr,dc,s);
    else{ //棋盘中无特殊方格
        //用 t 号 L 形骨牌覆盖右下角
        Board[tr + s -1][tc + s -1] = t;
        //覆盖其余方格
        ChessBoard(tr,tc,tr + s -1,tc + s -1,s);}
//覆盖右上角子棋盘、
if(dr < tr + s &&dc >= tc + s)
    //特殊方格在此棋盘中
    ChessBoard(tr,tc + s,dr,dc,s);
```

```
else{ //此棋盘中无特殊方格
    //用 t 号 L 形骨牌覆盖左下角
    Board[tr+s-1][tc+s]=t;
    //覆盖其余方格
    ChessBoard(tr,tc+s,tr+s-1,tc+s,s);}
//覆盖左下角子棋盘
if(dr>=tr+s && dc<tc+s)
    //特殊方格在此棋盘中
    ChessBoard(tr+s,tc,dr,dc,s);
else{ //用 t 号 L 形骨牌覆盖右上角
    Board[tr+s][tc+s-1]=t;
    //覆盖其余方格
    ChessBoard(tr+s,tc,tr+s,tc+s-1,s);}
//覆盖右下角子棋盘
if(dr>=tr+s && dc>=tc+s)
    //特殊方格在此棋盘中
    ChessBoard(tr+s,tc+s,dr,dc,s);
else{ //用 t 号 L 形骨牌覆盖左上角
    Board[tr+s][tc+s]=t;
    //覆盖其余方格
    ChessBoard(tr+s,tc+s,tr+s,tc+s,s);}
}
```

在上述算法中，用一个二维整型数组 Board 表示棋盘。Board[0][0]是棋盘的左上角方格。tile 是算法中的一个全局整型变量，用来表示 L 形骨牌的编号，其初始值为 0。算法的输入参数如下。

tr：棋盘左上角方格的行号；

dc：特殊方格所在的列号；

tc：棋盘左上角方格的列号；

dr：特殊方格所在的行号；

size：$size=2^k$，棋盘规格为 $2^k \times 2^k$。

4. 算法分析

设 $T(k)$ 是算法 ChessBoard 覆盖一个 $2^k \times 2^k$ 的棋盘所需的时间，则从算法的分治策略可知，$T(k)$ 满足如下递归方程：

$$T(k) = \begin{cases} O(1), & k=0 \\ 4T(k-1)+O(1), & k>0 \end{cases}$$

解此递归方程可得 $T(k) = O(4^k)$。由于覆盖一个 $2^k \times 2^k$ 的棋盘所需的 L 形骨牌个数为 $(4^k-1)/3$，所以算法 ChessBoard 是一个在渐近意义下的最优算法。

2.3.6　逆序对问题

1. 问题描述

逆序对问题是指，在一个数组中，如果存在两个元素 $a[i]$ 和 $a[j]$，且 $i<j$，但是

$a[i] > a[j]$，则称这两个元素构成一个逆序对，即在一个数组中，如果前面的数比后面的数大，则这两个数构成一个逆序对。

例如，在数组$[2,4,1,3,5]$中，$(2,1)$、$(4,1)$和$(4,3)$是逆序对。

求解逆序对问题可以使用线性扫描的传统方法，即计算逆序对的过程是从数组的左侧开始，对于每个新加入的数字，计算它与已有数字之间的逆序对数，并将该数字及其逆序对数记录在表格中。用线性扫描法求解逆序对问题的计算过程示例见表 2 – 2。

表 2 – 2　用线性扫描法计算逆序对问题的计算过程示例

数组下标	当前数字	逆序对数
0	2	0
1	4	0
2	1	2
3	3	2
4	5	2

计算过程如下。

数组中的第一个数字是 2，没有逆序对，因此逆序对数为 0。

数组中的第二个数字是 4，没有逆序对，因此逆序对数为 0。

数组中的第三个数字是 1，它与前面的数字 2 和 4 构成了逆序对，因此逆序对数为 2。

数组中的第四个数字是 3，它与前面的数字 4 构成了逆序对，因此逆序对数为 2。

数组中的最后一个数字是 5，没有逆序对，因此逆序对数为 2。

上面的方法是一种简单的线性扫描算法，用于计算给定数组中的逆序对数量。该算法的时间复杂度为 $O(n^2)$，其中 n 是数组的长度。

如果使用分治算法来解决逆序对问题，可以将数组分成两部分，分别计算左半部分和右半部分的逆序对数量，然后计算跨越两个部分的逆序对数量。具体来说，可以将数组从中间划分为两个部分，然后递归地对左半部分和右半部分进行排序并计算逆序对数量，再计算跨越两个部分的逆序对数量，最后将 3 个部分的逆序对数量相加即可得到整个数组中的逆序对数量。

2. 分治算法的原理

用分治算法求解逆序对问题的思路是将序列分成两个子序列，然后递归地求解每个子序列的逆序对数量，最后合并两个子序列的逆序对数量。具体实现时，可以利用归并排序的思想，在合并两个有序子序列时，同时统计逆序对数量。

具体的实现过程如下。

（1）将序列分成左、右两个子序列，递归地求解左、右子序列的逆序对数量。

（2）合并左、右两个有序子序列，同时统计逆序对数量。

（3）将步骤（2）中得到的逆序对数量加上步骤（1）中得到的左、右子序列的逆序对数量，得到最终的逆序对数量。

用分治算法求解逆序对问题的计算过程示例见表 2 – 3。

表 2 – 3　用分治算法求解逆序对问题的计算过程示例

数组下标	当前数字	逆序对数量	左侧数组	右侧数组	跨越两侧的逆序对数量
0	2	0	[2]	[]	0
1	4	0	[2, 4]	[]	0
2	1	2	[2]	[4]	1
3	3	2	[1, 2]	[3, 4]	2
4	5	2	[1, 2, 3]	[4, 5]	3

3. 代码实现

```cpp
#include <iostream>
#include <vector>
using namespace std;
//合并两个有序子数组,并统计逆序对数量
long long merge(vector<int>& nums, int left, int mid, int right) {
    int i = left, j = mid + 1, k = 0;
    long long inv = 0; //逆序对数量
    vector<int> temp(right - left + 1); //临时数组,用于存放合并后的结果
    while (i <= mid && j <= right) {
        if (nums[i] <= nums[j]) { //如果左边的元素小于等于右边的元素,则直接将左边的元素插入结果数组
            temp[k++] = nums[i++];
        } else { //如果左边的元素大于右边的元素,则将右边的元素插入结果数组,并统计逆序对数量
            temp[k++] = nums[j++];
            inv += mid - i + 1; //统计逆序对数量
        }
    }
    //将剩余的元素插入结果数组
    while (i <= mid) {
        temp[k++] = nums[i++];
    }
    while (j <= right) {
        temp[k++] = nums[j++];
    }
    //将结果数组复制回原数组
    for (int p = 0; p < k; ++p) {
        nums[left + p] = temp[p];
    }
    return inv;
}

//归并排序,并统计逆序对数量
long long mergeSort(vector<int>& nums, int left, int right) {
```

```
        if (left >= right) { //如果子数组的长度为1,则不需要排序,直接返回0
            return 0;
        }
        int mid = left + (right - left) /2; //计算中点
        long long inv1 = mergeSort(nums, left, mid); //递归处理左半部分,并统计逆序对数量
        long long inv2 = mergeSort(nums, mid + 1, right); //递归处理右半部分,并统计
逆序对数量
        long long inv3 = merge(nums, left, mid, right); //合并左、右两个有序子数组,并
统计逆序对数量
        return inv1 + inv2 + inv3; //将3个逆序对数量加起来,得到最终的逆序对数量
    }

    //入口函数,用于计算给定数组中的逆序对数量
    long long countInversions(vector < int >& nums) {
        int n = nums.size();
        return mergeSort(nums, 0, n - 1); //使用归并排序的思想,分治算法求解逆序对问题
    }

    int main() {
        vector < int > nums = {7, 5, 6, 4};
        long long inv = countInversions(nums); //计算给定数组中的逆序对数量
        cout << inv << endl; //输出结果为5
        return 0;
    }
```

在上面的代码中，merge 函数用于合并两个有序子数组，并统计逆序对数量。mergeSort 函数使用归并排序的思想，将原数组分成两半递归排序，并将排序好的两个子数组合并，同时统计逆序对数量。countInversions 函数是入口函数，用于计算给定数组中的逆序对数量。

需要注意的是，在合并两个有序子数组时，如果左边数组中的元素 $nums[i]$ 大于右边数组中的元素 $nums[j]$，则说明左边数组中从 i 到 mid 的元素都大于 $nums[j]$，因此逆序对数量应该加上 $mid - i + 1$。最后，将 3 个统计得到的逆序对数量加起来，就可以得到最终的逆序对数量。

4. 算法分析

逆序对问题的分治算法可以看作归并排序的变体，其主要的时间开销在于归并操作。递归方程表示为

$$T(n) = \begin{cases} O(1), & n = 1 \\ 2T\left(\dfrac{n}{2}\right) + O(n), & n > 1 \end{cases}$$

对于一个长度为 n 的数组，逆序对问题的归并操作的时间复杂度为 $O(n)$，因此递归调用 mergeSort 函数的时间复杂度为 $O(n\log n)$。

在 merge 函数中，每个元素都会被比较一次，因此总共需要进行 n 次比较，所以 merge 函数的时间复杂度也是 $O(n)$。因此，逆序对问题的分治算法的总时间复杂度为 $O(n\log n)$。

逆序对问题的分治算法的空间复杂度为 $O(n)$，因为在归并操作中需要使用一个大小为 n 的临时数组来存储归并后的结果。因此，逆序对问题的分治算法的空间复杂度是线性的。

2.3.7　最近点对问题

1. 问题描述

在应用研究中，常用诸如点、圆等简单的几何对象代表现实世界中的实体。在涉及这些几何对象的问题中，常需要了解其邻域中其他几何对象的信息。例如，在空中交通控制问题中，若将飞机作为空间中移动的一个点来看待，则具有最大碰撞危险的 2 架飞机，就是这个空间中最接近的一对点。这类问题是计算几何学中研究的基本问题之一。

给定平面上 n 个点，找到其中的一对点，使得在 n 个点的所有点对中，该点对的距离最小。严格地说，最接近点对可能多于 1 对。为了简单起见，这里只限于找到其中的 1 对。

2. 分治算法的原理

最近点对问题可以使用分治算法求解。其基本思路是将所有点按照 x 坐标从小到大排序，并按照 x 坐标的中位数将点集划分为左、右两个子集。然后，递归地对左、右两个子集进行求解，并找出两个子集中距离最小的点对。接下来，需要考虑中间部分的点对。这可以通过在以中位数为中心，横跨左、右两个子集的区域内枚举每对点来实现。最后，从 3 个点对中选出距离最小的即最近点对。

3. 一维最接近点对问题

这个问题很容易理解，似乎也不难解决。只要将每一点与其他 $n-1$ 个点的距离算出，找出达到最小距离的两个点即可。然而，这样做效率太低，需要 $O(n^2)$ 的计算时间。在问题的计算复杂度中可以看到，该问题的计算时间下界为 $\Omega(n\log n)$。这个下界引导我们去寻找问题的一个 $\Theta(n\log n)$ 算法。采用分治算法思想，考虑将所给的 n 个点的集合 S 分成 2 个子集 S_1 和 S_2，每个子集中约有 $n/2$ 个点，然后在每个子集中递归地求其最接近的点对。

在这里，一个关键的问题是如何实现分治算法中的合并步骤，即由 S_1 和 S_2 的最接近点对，如何求得原集合 S 中的最接近点对。因为 S_1 和 S_2 的最接近点对未必就是 S 的最接近点对。如果组成 S 的最接近点对的 2 个点都在 S_1 或 S_2 中，则问题很容易解决。但是，如果这 2 个点分别在 S_1 和 S_2 中，则对于 S_1 中任一点 p，S_2 中最多只有 $n/2$ 个点与它构成最接近点对的候选者，仍需做 $n^2/4$ 次计算和比较才能确定 S 的最接近点对。

依此思路，合并步骤耗时为 $O(n^2)$。整个算法所需计算时间 $T(n)$ 应满足 $T(n) = 2T(n/2) + O(n^2)$。它的解为 $T(n) = O(n^2)$，即与合并步骤的耗时同阶，这不比穷举方法好。可以看到问题出在合并步骤耗时太多。这启发我们把注意力放在合并步骤上。

设 S 中的 n 个点为 x 轴上的 n 个实数 x_1，x_2，$\cdots$，x_n。最接近点对即这 n 个实数中相差最小的 2 个实数。显然可以先将 x_1，x_2，$\cdots$，x_n 排好序，然后用一次线性扫描就可以找出最接近点对。这种方法的主要计算时间花在排序上，在排序算法部分已经证明，时间复杂度为 $O(n\log n)$，然而这种方法无法直接推广到二维的情形。因此，对这种一维的简单情形，还是尝试用分治算法来求解，并希望能推广到二维的情形。假设用 x 轴上某个点 m 将 S 划分为 2 个子集 S_1 和 S_2，使 $S_1 = \{x \in S \mid x \leqslant m\}$，$S_2 = \{x \in S \mid x > m\}$。这样一来，对于

所有 $p \in S_1$ 和 $q \in S_2$ 有 $p < q$。递归地在 S_1 和 S_2 上找出其最接近点对 $\{p_1, p_2\}$ 和 $\{q_1, q_2\}$，并设 $d = \min\{p_1 - p_2|, |q_1 - q_2|\}$，$S$ 中的最接近点对或者是 $\{p_1, p_2\}$，或者是 $\{q_1, q_2\}$，或者是某个 $\{p_3, q_3\}$，其中 $p_3 \in S_1$ 且 $q_3 \in S_2$，如图 2-11 所示。

如果 S 的最接近点对是 $\{p_3, q_3\}$，即 $|p_3 - q_3| < d$，则 p_3 和 q_3 两者与 m 的距离不超过 d，即 $|p_3 - m| < d$，$|q_3 - m| < d$，也就是说，$p_3 \in (m-d, m]$，$q_3 \in (m, m+d]$。由于在 S_1 中，每个长度为 d 的半闭区间至多包含一个点（否则必有两点距离小于 d），并且 m 是 S_1 和 S_2 的分割点，所以 $(m-d, m]$ 中至多包含 S 中的一个点。同理，$(m, m+d]$ 中也至多包含 S 中的一个点。由图 2-11 可以看出，如果 $(m-d, m]$ 中有 S 中的点，则此点就是 S_1 中的最大点，如果 $(m, m+d]$ 中有 S 中的点，则此点就是 S_2 中的最小点。

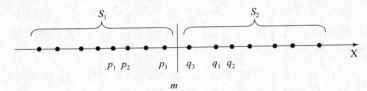

图 2-11   一维最近点对问题的分治情况

因此，用线性时间就能找到区间 $(m-d, m]$ 和 $(m, m+d]$ 中的所有点，即 p_3 和 q_3，从而用线性时间就可以将 S_1 的解和 S_2 的解合并成为 S 的解。也就是说，按这种分治策略，合并步骤可在 $O(n)$ 时间内完成。这样是否就可以得到一个有效的算法了呢？还有一个问题需要认真考虑，即分割点 m 的选取，及 S_1 和 S_2 的划分。选取分割点 m 的一个基本要求是由此导出集合 S 的一个线性分割，即 $S = S_1 \cup S_2$，$S_1 \cap S_2 = \Phi$，且 $S_1 = \{x | x \leqslant m\}$，$S_2 = \{x | x > m\}$。容易看出，如果选取 $m = [\max(S) + \min(S)]/2$，可以满足线性分割的要求。选取分割点后，再用 $O(n)$ 的时间即可将 S 划分成 $S_1 = \{x \in S | x \leqslant m\}$ 和 $S_2 = \{x \in S | x > m\}$。然而，这样选取分割点 m，有可能造成划分出的子集 S_1 和 S_2 不平衡。例如在最坏的情况下，$|S_1| = 1$，$|S_2| = n-1$，由此产生的分治算法在最坏的情况下所需的计算时间 $T(n)$ 应满足递归方程 $T(n) = T(n-1) + O(n)$，该方程的解是 $T(n) = O(n^2)$。这种效率降低的现象可以通过分治算法中"平衡子问题"的方法加以解决，即通过适当选择分割点 m，使 S_1 和 S_2 中有大致相等个数的点。自然地，可以想到用 S 的 n 个点的坐标的中位数来作分割点。在选择算法部分介绍的选取中位数的线性时间算法可以在 $O(n)$ 时间内确定一个平衡的分割点 m。

该算法的分割步骤和合并步骤总共耗时 $O(n)$。因此，算法耗费的计算时间 $T(n)$ 满足递归方程：

$$T(n) = \begin{cases} O(1), & n = 2 \\ 2T\left(\dfrac{n}{2}\right) + O(n), & n > 2 \end{cases}$$

解此递归方程可得 $T(n) = O(n \log n)$。

4. 二维最接近点对问题

将以上过程推广到二维最接近点对问题。设 S 中的点为平面上的点，它们都有 2 个坐标值 x 和 y。为了将平面上的点集 S 线性分割为大小大致相等的 2 个子集 S_1 和 S_2，选取一

垂直线 l：$x = m$ 作为分割直线。其中 m 为 S 中各点 x 坐标的中位数。由此将 S 分割为 $S_1 = \{p \in S | p_x \leqslant m\}$ 和 $S_2 = \{p \in S | p_x > m\}$，从而使 S_1 和 S_2 分别位于直线 l 的左侧和右侧，且 $S = S_1 \cup S_2$。由于 m 是 S 中各点 x 坐标值的中位数，所以 S_1 和 S_2 中的点数大致相等。递归地在 S_1 和 S_2 上求解最接近点对问题，分别得到 S_1 和 S_2 中的最小距离 d_1 和 d_2。现设 $d = \min(d_1, d_2)$。若 S 的最接近点对 (p, q) 之间的距离 $d(p, q) < d$，则 p 和 q 必分属于 S_1 和 S_2。不妨设 $p \in S_1$，$q \in S_2$，那么 p 和 q 距直线 l 的距离均小于 d。因此，若用 P_1 和 P_2 分别表示直线 l 的左边和右边的宽为 d 的 2 个垂直长条，则 $P_1 \in S_1$，$P_2 \in S_2$，如图 2-12 所示。

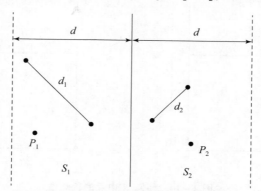

图 2-12　距直线 l 的距离小于 d 的所有点

在一维的情形下，距分割点距离为 d 的 2 个区间 $(m-d, m]$ $(m, m+d]$ 中最多各有 S 中的一个点。因此，这两点成为唯一的末检查过的最接近点对候选者。二维的情形则要复杂些，此时，P_1 中所有点与 P_2 中所有点构成的点对均为最接近点对的候选者。在最坏的情况下有 $n^2/4$ 对这样的候选者，但是 P_1 和 P_2 中的点具有以下稀疏性质，它使人们不必检查所有 $n^2/4$ 对候选者。考虑 P_1 中任意一点 p，它若与 P_2 中的点 q 构成最接近点对的候选者，则必有 $d(p, q) < d$。满足这个条件的 P_2 中的点有多少个呢？容易看出这样的点一定落在一个 $d \times 2d$ 的矩形 R 中，如图 2-13 所示。

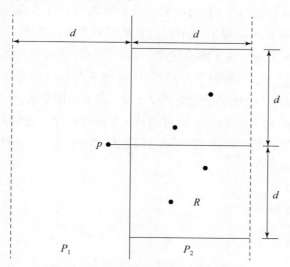

图 2-13　包含点 q 的 $d \times 2d$ 矩形 R

由 d 的意义可知 P_2 中任何 2 个 S 中的点的距离都不小于 d。由此可以推出矩形 R 中最多只有 6 个 S 中的点。事实上，可以将矩形 R 的长为 $2d$ 的边 3 等分，将它的长为 d 的边 2 等分，由此导出 6 个 $(d/2) \times (2d/3)$ 的矩形，如图 2−14（a）所示。

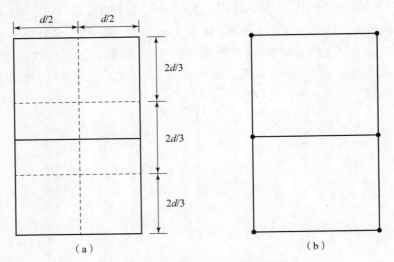

图 2−14 矩阵 R 中点的稀疏性

若矩形 R 中有多于 6 个 S 中的点，则由鸽舍原理易知至少有一个 $(d/2) \times (2d/3)$ 的小矩形中有 2 个以上 S 中的点。设 u, v 是这样 2 个点，它们位于同一小矩形中，则

$$(u_x - v_x)^2 + (u_y - v_y)^2 \leqslant (d/2)^2 + (2d/3)^2 = 25d^2/36$$

因此，$d(u,v) \leqslant 5d/6 < d$。这与 d 的意义矛盾。也就是说，矩形 R 中最多只有 6 个 S 中的点。图 2−14（b）所示是矩形 R 中含有 6 个 S 中的点的极端情形。由于这种稀疏性质，对于 P_1 中任一点 p，P_2 中最多只有 6 个点与它构成最接近点对的候选者。因此，在分治算法的合并步骤中，最多只需要检查 $6 \times n/2 = 3n$ 对候选者，而不是 $n^2/4$ 对候选者。

这是否就意味着可以在 $O(n)$ 时间内完成分治算法的合并步骤呢？现在还不能得出这个结论，因为只知道对于 P_1 中每个 S_1 中的点 p 最多只需要检查 P_2 中的 6 个点，但是并不确切地知道要检查哪 6 个点。为了解决这个问题，可以将 p 和 P_2 中所有 S_2 的点投影到垂直线 l 上。由于能与 p 点一起构成最接近点对候选者的 S_2 的点一定在矩形 R 中，所以它们在直线 l 上的投影点距 p 在 l 上投影点的距离小于 d。由上面的分析可知，这种投影点最多只有 6 个。因此，若将 P_1 和 P_2 中所有 S 的点按其 y 坐标排好序，则对 P_1 中的所有点 p，对排好序的点列做一次扫描，就可以找出所有最接近点对的候选者，对 P_1 中每一点最多只要检查 P_2 中排好序的相继 6 个点。

5. 代码实现

```
#include <iostream>
#include <vector>
#include <algorithm>
#include <cmath>
using namespace std;
```

```
//定义点的数据结构
struct Point {
    double x, y;
};
//根据 x 坐标进行排序
bool cmp_x(const Point& a, const Point& b) {
    return a.x < b.x;
}


//根据 y 坐标进行排序
bool cmp_y(const Point& a, const Point& b) {
    return a.y < b.y;
}
//计算两个点之间的距离
double dist(const Point& a, const Point& b) {
    double dx = a.x - b.x;
    double dy = a.y - b.y;
    return sqrt(dx * dx + dy * dy);
}
//暴力搜索函数,用于求解小规模的问题
double bruteForce(vector < Point >& points, int left, int right) {
    double min_dist = 1e20;
    for (int i = left; i <= right; ++i) {
        for (int j = i + 1; j <= right; ++j) {
            min_dist = min(min_dist, dist(points[i], points[j]));
        }
    }
    return min_dist;
}
//分治函数,用于求解最近点对问题
double closestPair(vector < Point >& points, int left, int right) {
    if (left == right) { //如果只有一个点,则不存在最近点对,返回无穷大
        return 1e20;
    }
    if (right - left == 1) { //如果只有两个点,则直接计算它们的距离并返回
        return dist(points[left], points[right]);
    }
    int mid = (left + right) /2; //计算中间位置
    double d1 = closestPair(points, left, mid); //递归处理左半部分
    double d2 = closestPair(points, mid + 1, right); //递归处理右半部分
    double d = min(d1, d2); //取最小值
//计算中间区域的最近点对距离
vector < Point > strip; //存储中间区域的点
for (int i = left; i <= right; ++i) {
    if (abs(points[i].x - points[mid].x) < d) {
        strip.push_back(points[i]);
    }
}
sort(strip.begin(), strip.end(), cmp_y); //根据 y 坐标排序
```

```
double min_strip = 1e20; //初始化最小距离为无穷大
for (int i = 0; i < strip.size(); ++i) {
    for (int j = i + 1; j < strip.size() && strip[j].y - strip[i].y < min_
strip; ++j) {
        min_strip = min(min_strip, dist(strip[i], strip[j])); //更新最小距离
    }
}
return min(d, min_strip); //返回最小距离
}
//主函数
int main() {
int n; //点的数量
cin >> n;
vector < Point > points(n); //存储点的数组
for (int i = 0; i < n; ++i) {
cin >> points[i].x >> points[i].y;
}
sort(points.begin(), points.end(), cmp_x); //根据 x 坐标排序
double ans = closestPair(points, 0, n - 1); //求解最近点对距离
cout << ans << endl;
return 0;
}
```

6. 算法分析

分治算法的时间复杂度分为两个部分：递归部分和合并部分。在最接近点对问题中，递归部分的时间复杂度为 O($\log n$)，因为每次都将点集分成两半。合并部分的时间复杂度为 O(n)，因为需要枚举所有横跨中间区域的点对。因此，总的时间复杂度为 O($n\log n$)。

最接近点对问题的空间复杂度为 O(n)，因为需要存储所有点的坐标。

2.4　本章小结

分治算法的优势在于能够有效地处理规模较大的问题，并且通常具有较好的时间复杂度。另外，由于分治算法将问题划分成若干子问题，并且这些子问题相互独立，所以可以很方便地将算法并行化，以提高算法的执行效率。

分治算法的局限在于，它通常需要较高的空间复杂度，因为在递归过程中需要存储每个子问题的解。此外，如果分治算法不能很好地将问题划分成相似的子问题，则递归求解的效果可能并不理想，这就需要针对具体问题设计更为复杂的分治算法。

分治算法的一种优化方法是采用尾递归（Tail Recursion）。尾递归是指一个函数在返回时调用自身，并且此调用是函数的最后一条语句。尾递归可以通过编译器的优化实现，这使递归深度不会增加栈空间的使用。另外，分治算法的效率还可以通过选择合适的基准情况、减少重复计算、并行化等方法来优化。在某些情况下，可以使用动态规划算法代替分治算法，以获得更好的性能。

2.5 习题

1. 给定一个有向图，其中顶点个数为 5，边集为 {(0,1),(1,2),(2,0),(1,3),(3,4)}，设计一个算法来找到其中的强连通分量，使算法的时间复杂度为 $O(n+m)$。

2. 给定一个排序数组 arr = [1,2,3,4,6,7,8,9]，设计一个算法来找到其中缺失的数字，使算法的时间复杂度为 $O(\log n)$。

3. 给定一个长度为 n 的整数数组 arr，设计一个算法来找到其中出现次数超过 $n/2$ 的元素，使算法的时间复杂度为 $O(n\log n)$。

4. 给定一个有序数组 arr 和目标值 target，使用分治策略设计一个算法来查找目标值，使算法的时间复杂度为 $O(\log n)$。

5. 给定一个长度为 n 的整数数组 arr，设计一个算法来找到其中的最大值和最小值，使算法的时间复杂度为 $O(n)$。

6. 求解线段交问题：给定平面上的若干条线段，求解它们之间相交的线段。实现一个算法，输入为平面上若干条线段的起点和终点坐标，输出为它们之间相交线段的起点和终点坐标。注意，如果有多条相交的线段，则仅需要输出其中一条线段即可。（题目来源：UVA 12192：Grapevine）

输入的第一行包含一个整数 n，表示平面上线段的数量。

接下来 n 行，每行包含 4 个实数 x_1，y_1，x_2，y_2，表示一条线段的起点坐标为 (x_1,y_1)，终点坐标为 (x_2,y_2)。

输出两个实数 x_1，y_1，x_2，y_2，表示相交的线段的起点坐标为 (x_1,y_1)，终点坐标为 (x_2,y_2)。

输入样例：

3

0 0 1 1

1 0 0 1

0 1 1 0

输出样例：

0.5 0.5 0 1

输入的第一行表示有 3 条线段。

第一条线段的起点坐标为 (0，0)，终点坐标为 (1，1)。

第二条线段的起点坐标为 (1，0)，终点坐标为 (0，1)。

第三条线段的起点坐标为 (0，1)，终点坐标为 (1，0)。

这三条线段中有两条相交，它们组成的相交线段的起点坐标为 (0.5，0.5)，终点坐标为 (0，1)。

7. 有一个被格子划分的平面图。其中一些格子中有障碍物，两个人在平面图中的不同位置，现在要求计算两个人之间视线内的最大距离，即两个人能够互相看到的最大距离。

假设每个人都站在一个不含障碍物的格子中，并且两个人之间的连线不会穿过任何障碍物。如果两个人的连线只经过一个格子，则认为这两个人能够相互看到。

输入：第一行包含两个整数 n 和 m，表示平面图的行数和列数（$1 \leq n$，$m \leq 500$）。

接下来 n 行，每行包含 m 个整数，表示该位置是否有障碍物。如果该位置有障碍物，则为 1，否则为 0。

接下来一行包含一个整数 q，表示要进行的查询次数。

接下来 q 行，每行包含 4 个整数 r_1，c_1，r_2，c_2，表示第一个人的位置为（r_1，c_1），第二个人的位置为（r_2，c_2）。

输出：对于每个查询，输出两个人之间视线内的最大距离。如果两个人之间没有可见路径，则输出"no path"。

输入样例：

6 7
0 0 1 0 0 0 0
0 0 0 0 1 0 0
0 1 0 0 0 0 0
0 0 0 1 1 0 0
1 1 0 0 0 0 1
0 0 0 0 0 0 0
4
1 1 6 7
6 7 1 1
1 7 6 1
6 1 1 7

输出样例：

7

7

no path

no path

提示：用分治算法求解，首先将平面图分成 4 个象限，然后在每个象限中递归地查找两个人之间视线内的最大距离，最后将 4 个象限中的结果组合起来得到整个平面图中两个人之间视线内的最大距离。

8. 在一个仙境世界中，有一些城市被兽人攻占。你作为一个强大的法师，要为这些城市的居民们提供帮助。

你需要修复一些道路，使城市之间互相连通，从而使居民们可以逃离被兽人控制的城市。

具体地说，假设这些城市被标号为 $1 \sim n$，城市 i 和城市 j 之间可以直接通行的条件如下。

城市 i 和城市 j 都没有被兽人占领。

城市 i 和城市 j 之间至少有一条道路相连，并且该道路的破损程度小于等于一个给定的阈值 T。

现在，你需要选择一些道路进行修复，以使这些城市互相连通，并且修复所选道路的总花费最小。

注意：每对城市之间最多只需要修复一条道路。也就是说，如果有多条道路可以连接城市 i 和城市 j，则只需要选择一条道路进行修复。（题目来源：UVa10793 – The Orc Attack）

输入：第一行包含一个整数 T，表示道路破损程度的阈值。第二行包含一个整数 n，表示城市的数量。接下来 n 行，第 i 行包含 n 个整数，其中第 j 个整数表示城市 i 和城市 j 之间道路的破损程度。特别地，对于任意 i，都有 $a_{i,i} = 0$。

输出：一个整数表示修复道路的最小总花费。如果无法修复道路使城市互相连通，则输出 -1。

输入样例：

```
2
3
0 2 3
2 0 1
3 1 0
```

输出样例：

```
3
```

解释：城市 1、2 之间的道路已经完好无损，不需要修复。因此，只需要修复城市 2、3 之间的道路，总花费为 3。

输入样例：

```
2
3
0 2 3
2 0 4
3 4 0
```

输出样例：

```
diff
 -1
```

解释：城市 2、3 之间道路的破损程度超过了阈值，无法修复。因此，城市 1、2、3 无法互相连通。

第**3**章

动态规划

※章节导读※

动态规划算法是一种解决具有重叠子问题和最优子结构特点的问题的方法。

【学习重点】

(1) 动态规划算法的基本思想和实现过程。需要理解动态规划算法的核心思想，即将问题分解成相互独立的子问题，并先解决小的子问题，然后将其解合并成原问题的解。同时，需要学会如何设计动态规划算法，包括如何确定状态的定义和状态转移方程。

(2) 动态规划算法的应用场景和实际应用。动态规划算法在求解最长公共子序列问题、背包问题等领域有着广泛的应用，故需要了解动态规划算法在这些领域的实际应用情况，以及如何针对具体问题设计动态规划算法。

(3) 动态规划算法的优化和扩展。在实际应用中，动态规划算法可能遇到计算复杂度高、空间复杂度高等问题，因此需要学习如何进行动态规划算法的优化和扩展，以提高算法的效率和性能。

【学习难点】

(1) 状态的定义和状态转移方程的确定。在设计动态规划算法时，需要确定状态的定义和状态转移方程，这需要具有一定的抽象思维和数学能力。

(2) 重叠子问题的处理。在使用动态规划算法解决问题时，可能存在大量的重叠子问题，因此需要学习如何处理这些重叠子问题，以避免重复计算，提高算法效率。

(3) 计算复杂度和空间复杂度分析。需要掌握如何分析动态规划算法的计算复杂度和空间复杂度，以便评估算法的效率和优化算法的性能。

3.1 引言

动态规划是运筹学的一个分支，是求解决策过程最优化的数学方法。20 世纪 50 年代，英国数学家贝尔曼（Rechard Beuman）等人在研究多阶段决策过程的优化问题时，提出了著名的最优性原理，把多阶段决策过程转化为一系列单阶段问题逐个求解，创立了解决多阶段过程优化问题的新方法——动态规划。

动态规划算法的应用领域包括但不限于以下几个方面：计算机视觉，如图像处理、目标识别、视频跟踪等；自然语言处理，如语音识别、机器翻译、语义分析等；生物信息学，如 DNA 序列比对、蛋白质结构预测、序列分析等；运筹学和优化，如旅行商问题、车辆路径问题等。动态规划算法广泛应用于求解最优化问题，如最长公共子序列问题、背包问题、最短路径问题等。它在算法设计和优化中具有重要的作用，可以用来优化复杂度高的问题，具有广泛的实际应用。

动态规划算法的重要性在于它可以解决一些复杂度高的最优化问题，对于某些实际应用具有非常重要的意义。同时，它也是算法设计和优化中的重要思想之一，可以指导人们设计更高效的算法。因此，掌握动态规划算法是进行计算机科学研究和算法设计的基本技能之一。

3.1.1 动态规划算法的基本思想

动态规划算法的基本思想是将原问题划分为若干子问题，通过存储中间结果来避免重复计算，从而达到优化算法效率的目的。最优性原理是动态规划算法的基础。任何一个问题，如果失去了这个最优性原理的支持，就不可能用动态规划算法求解。能采用动态规划算法求解的问题必须满足以下条件。

1. 最优子结构性质

最优子结构是指问题的最优解包含其子问题的最优解。换句话说，如果可以通过求解子问题的最优解来求解原问题的最优解，那么这个问题就具有最优子结构性质。

最优子结构是许多动态规划算法的基础，这些算法通常通过将原问题分解成子问题，再将子问题的解合并成原问题的解来解决问题。在这个过程中，利用最优子结构性质可以避免重复计算，从而提高算法的效率。

2. 子问题重叠性质

子问题重叠性质是指在解决一个问题的过程中，需要多次求解相同的子问题。如果一个问题具有子问题重叠性质，那么可以使用动态规划算法来避免重复计算，从而提高算法的效率。

例如，斐波那契数列就具有子问题重叠性质。斐波那契数列的定义是：$F(0)=0$，$F(1)=1$，对于 $n>1$，$F(n)=F(n-1)+F(n-2)$。如果要求解 $F(5)$，那么需要先求解

$F(4)$ 和 $F(3)$，在求解 $F(4)$ 的过程中，需要再次求解 $F(3)$ 和 $F(2)$，而在求解 $F(3)$ 的过程中，需要再次求解 $F(2)$ 和 $F(1)$。由于 $F(2)$ 和 $F(1)$ 是重复的子问题，所以如果使用递归等简单方法来解决斐波那契数列，会出现大量重复计算，导致算法效率低下。如果使用动态规划算法，可以将每个子问题的解存储下来，以避免重复计算，从而提高算法的效率。

子问题重叠性质是动态规划算法的关键特性之一，它使人们可以将原问题分解成多个子问题，而不必担心重复计算的问题，从而设计出高效的算法。

3.1.2 动态规划算法的求解步骤

用动态规划算法求解最优化问题，通常按以下几个步骤进行。

步骤 1：把所求最优化问题分成若干阶段，找出最优解的性质，并刻画其结构特性。如前所述，最优子结构特性是用动态规划算法求解问题的必要条件，只有满足最优子结构特性的多阶段决策问题才能应用动态规划算法求解。

步骤 2：将问题发展到各阶段时所处的不同状态表示出来，确定各阶段状态之间的递推关系，并确定初始（边界）条件。各阶段最优值的表示可通过相应数组的设置来实现，分析归纳出各阶段状态之间的转移关系，是应用动态规划算法求解问题的核心。

步骤 3：应用递推求解最优值。递推计算最优值是动态规划算法的实施过程。具体应用顺推还是逆推，与所设置的表示各阶段最优值的数组密切相关。

步骤 4：根据计算最优值时所得到的信息，构造最优解。构造最优解就是具体求出最优决策序列。通常在计算最优值时，更多信息的记录是根据问题的具体实际情况确定的，根据所记录的信息构造出问题的最优解。

以上前 3 个步骤是用动态规划算法求解最优化问题的基本步骤。当只需求解最优值时，步骤 4 可以省略。若需求出问题的最优解，则必须执行步骤 4。

3.1.3 动态规划算法的实现

1. 递推实现

由于动态规划是一个多阶段决策过程，每一阶段的决策都取决于该阶段的状态（子问题的初态），所以确定原问题最优决策序列的关键在于获取各阶段之间的递推关系。有两种确定递推关系的方法。

（1）向前处理法（逆推）：从最后阶段开始，以逐步向前递推的方式列出求前一阶段决策值的递推关系式，即根据 x_{i+1}，$\cdots$，x_n 的最优决策序列来列出求取 x_i 决策值的关系式。

（2）向后处理法（顺推）：从初始阶段开始，以逐步向后递推的方式列出求下一阶段决策值的递推关系式，即根据 x_1，$\cdots$，x_{i-1} 的最优决策序列来列出求取 x_i 决策值的关系式。

动态规划算法框架描述如下。

```
int dp(int state) {
    //判断递归终止条件,即初始阶段的决策值
    if (state == 0) {
        //返回初始阶段的决策值
        return 0;
    }
    //判断是否已经计算过当前状态的最优解
    //如果已经计算过,则直接返回最优解,以避免重复计算

    //根据递推关系式计算当前状态的最优解
    //可能需要使用递归调用 dp 函数来计算子问题的最优解
    //保存当前状态的最优解
    //返回当前状态的最优解
}

int main() {
    //输入问题的规模和初始状态
    //调用 dp 函数计算最优解
    //输出最优解
    return 0;
}
```

2. 迭代实现

递归算法是解决递归问题的算法。若问题与其子问题是同一概念, 则该问题是递归问题。动态规划算法是空间换时间的算法。经常会遇到的情况是, 复杂问题不能简单地分解成几个子问题, 而会分解出一系列子问题。若简单地采用把大问题分解成子问题, 并综合子问题的解导出大问题的解的方法, 则问题求解耗时会按问题规模呈幂级数增加。为了节约重复求相同子问题的时间, 引入一个数组, 不管它们是否对最终解有用, 把所有子问题的解存于该数组中, 这就是动态规划算法的基本思路。

当递归运算的中间结果要反复使用时, 动态规划算法可能将指数速度的算法改进为多项式速度 (但相应地, 空间代价提高) 的算法。动态规划算法可以递归地实现, 也可以非递归地实现, 一般建议用非递归的方法, 即循环的方法。算法框架描述如下。

```
int main() {
    //输入问题的规模和初始状态
    //定义数组或其他数据结构来保存子问题的最优解
    //初始化初始阶段的最优解
    //迭代计算每个阶段的最优解
    for (int state = 1; state <= n; state ++) {
        //根据递推关系式计算当前状态的最优解
        //可能需要使用之前阶段的最优解来计算当前状态的最优解
        //保存当前状态的最优解
    }
    //输出最优解
    return 0;
}
```

3.2 动态规划算法的经典例题

3.2.1 最长公共子序列问题

1. 问题描述

若给定序列 $X = \{x_1, x_2, \cdots, x_m\}$，则另一序列 $Z = \{z_1, z_2, \cdots, z_k\}$ 是 X 的子序列是指，存在一个严格递增下标序列 $\{i_1, i_2, \cdots, i_k\}$，使得对于所有 $j = 1$，2，$\cdots$，k 有 $z_j = x_{ij}$。例如，序列 $Z = \{B, C, D, B\}$ 是序列 $X = \{A, B, C, B, D, A, B\}$ 的子序列，相应的递增下标序列为 $\{2, 3, 5, 7\}$。

给定 2 个序列 X 和 Y，当另一序列 Z 既是 X 的子序列又是 Y 的子序列时，称序列 Z 是序列 X 和 Y 的公共子序列。

2. 问题分析

给定两个序列 $X = \{x_1, x_2, \cdots, x_m\}$ 和 $Y = \{y_1, y_2, \cdots, y_n\}$，找出 X 和 Y 的最长公共子序列。设 X 和 Y 的最长公共子序列为 $Z = \{z_1, z_2, \cdots, z_k\}$，则：

(1) 若 $x_m = y_n$，则 $z_k = x_m = y_n$，且 Z_{k-1} 是 X_{m-1} 和 Y_{n-1} 的最长公共子序列；

(2) 若 $x_m \neq y_n$ 且 $z_k \neq x_m$，则 Z 是 X_{m-1} 和 Y 的最长公共子序列；

(3) 若 $x_m \neq y_n$ 且 $z_k \neq y_n$，则 Z 是 X 和 Y_{n-1} 的最长公共子序列。

可见，两个序列的最长公共子序列包含了这两个序列的前缀的最长公共子序列，该问题满足最优子结构性质。由最长公共子序列问题的最优子结构性质建立子问题最优值的递归关系。用 $c[i][j]$ 记录序列和的最长公共子序列的长度。其中，$X_i = \{x_1, x_2, \cdots, x_i\}$；$Y_j = \{y_1, y_2, \cdots, y_j\}$。当 $i = 0$ 或 $j = 0$ 时，空序列是 X_i 和 Y_j 的最长公共子序列，故此时 $c[i][j] = 0$。在其他情况下，由最优子结构性质可建立递归关系如下：

$$c[i][j] = \begin{cases} 0, & i = 0, j = 0 \\ c[i-1][j-1] + 1, & i, j > 0; x_i = y_j \\ \max\{c[i][j-1], c[i-1][j]\}, & i, j > 0; x_i \neq y_j \end{cases}$$

3. 自底向上计算最优值

假设 $X = \{A, B, C, B, D, A, B\}$ $Y = \{B, D, C, A, B, A\}$ 时，X 和 Y 的最长公共子序列用 LCSLength 算法的计算过程如图 3-1 所示。

图 3-1 中每个单元格的值表示两个字符串的前缀子序列的最长公共子序列的长度。例如，图中的第一行和第一列都为 0，表示空字符串的最长公共子序列的长度为 0。

图中的第二行和第二列表示字符串"A"和"BDCABA"的比较。在图中，当第一个字符'A'和第二个字符'B'匹配时，将（2，2）单元格的值设置为 1。当第一个字符'A'和第三

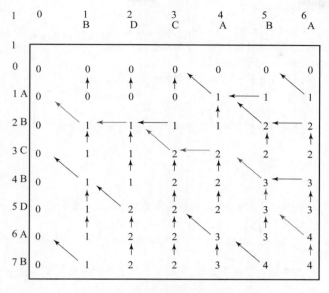

图 3 – 1　最长公共子序列计算过程

个字符'D'不匹配时，沿用前面的最优解，将（2，3）单元格的值设置为1。以同样的方式继续填充图表，直到比较完整个 X 和 Y 的所有字符。

4. 构造最优解

可以从图表中读取最长公共子序列的长度，即最右下角单元格的值为4。为了确定最长公共子序列，可以倒着从右下角开始查看填充图表的过程。从右下角的单元格开始，如果当前单元格上方的值等于左方的值，那么它是从该位置向上或向左填充的，因此向上移动一行。如果它们不相等，那么当前单元格的值是从左上方的单元格填充的，表示 X 和 Y 的最长公共子序列中的当前字符，将它添加到最长公共子序列中，并向左上方移动到前一个单元格。如果到达图表的左上角，那么就得到了 X 和 Y 的最长公共子序列。

在这个例子中，从右下角单元格开始向上和向左移动，直到到达左上角单元格。在移动的过程中，根据图表中填充的值，逆序构造出了最长公共子序列：

$$\text{LCS}(X, Y) = \{\,\text{B}, \text{C}, \text{B}, \text{A}\,\}$$

因此，X 和 Y 的最长公共子序列为{B，C，B，A}，其长度为4。

5. 代码实现

采用动态规划算法自底向上计算解。在这个代码中，使用了一个二维数组 lcs_length 来存储最长公共子序列的长度。其中，lcs_length[i][j]表示 s1 中前 i 个字符和 s2 中前 j 个字符的最长公共子序列的长度。由于最长公共子序列的长度可能为0，所以将数组的大小定义为 $m+1$ 和 $n+1$，其中 m 和 n 分别是两个字符串的长度。

在计算最长公共子序列的长度时，首先将数组中的第一行和第一列初始化为0，因为任何字符串和空字符串的最长公共子序列为0。然后，从左上角开始遍历二维数组，对于每个位置，如果两个字符相等，则最长公共子序列的长度加1；如果两个字符不相等，则最长公共子序列的长度等于前一个位置的最长公共子序列长度中的最大值。最终，右下角元素的值即最长公共子序列的长度。

```
int lcs(char * s1, char * s2, int m, int n) {
    //创建二维数组来存储最长公共子序列的长度
    int lcs_length[m +1][n +1];
        //从头开始计算最长公共子序列的长度
    for (int i = 0; i <= m; i ++) {
        for (int j = 0; j <= n; j ++) {
            //将第一行和第一列初始化为 0,因为任何字符串和空字符串的最长公共子序列
为 0
            if (i == 0 || j == 0) {
lcs_length[i][j] = 0;
            }
            //如果两个字符相等,则最长公共子序列的长度加 1
            else if (s1[i -1] == s2[j -1]) {
                lcs_length[i][j] = lcs_length[i -1][j -1] + 1;
            }
            //如果两个字符不相等,则最长公共子序列的长度等于前一个位置的最长公共子
序列长度中的最大值
            else {
                lcs_length[i][j] = max(lcs_length[i -1][j], lcs_length[i]
[j -1]);
            }
        }
    }
    //返回右下角元素的值即最长公共子序列的长度
    return lcs_length[m][n];
}
```

为了使用 LCSLength 算法计算 X 和 Y 的最长公共子序列，需要创建一个二维表格，并使用动态规划方法来填充它。表格中每个单元格的值代表 X 和 Y 的前缀子序列的最长公共子序列的长度。在这个表格中，将 X 和 Y 中的每个字符都和其他字符进行比较，并根据它们是否匹配来填充表格中的值。

6. 算法分析

如果只需要计算最长公共子序列的长度，则算法的空间需求可大大减少。事实上，在计算 $c[i][j]$ 时，只用到数组 c 的第 i 行和第 $i-1$ 行。因此，用 2 行的数组空间就可以计算出最长公共子序列的长度，还可将空间需求减至 $O(\min(m,n))$。

3.2.2 0-1 背包问题

1. 问题描述

0-1 背包问题（0-1 Knapsack Problem）是指将有限的背包容量用来装载不同物品，目标是在满足背包容量限制的情况下，使所装载的物品的价值最大化。

给定 n 种物品和一个背包，物品 $i(1 \leqslant i \leqslant n)$ 的质量是 w_i，其价值为 v_i，背包容量为 C，每种物品要么装入背包，要么不装入背包。如何选择装入背包的物品，使装入背包中物品的总价值最大？

2. 问题分析

设 $(x_1, x_2, \cdots, x_n)$ 是 $0-1$ 背包问题的最优解，则 $(x_2, \cdots, x_n)$ 是下面子问题的最优解:

$$\begin{cases} \sum_{i=2}^{n} w_i x_i \leqslant C - w_1 x_1 \\ x_i \in \{0,1\} \ (2 \leqslant i \leqslant n) \end{cases}$$

$$\max \sum_{i=2}^{n} w_i x_i$$

如若不然，设 $(x_2, \cdots, x_n)$ 是上述问题的一个最优解，则 $\sum_{i=2}^{n} v_i y_i > \sum_{i=2}^{n} v_i x_i$，且 $w_1 x_1 + \sum_{i=2}^{n} w_i y_i \leqslant C$。因此，$v_1 x_1 + \sum_{i=2}^{n} v_i y_i > v_1 x_1 + \sum_{i=2}^{n} v_i x_i = \sum_{i=1}^{n} v_i x_i$，这说明 $(x_1, y_2, \cdots, y_n)$ 是 $0-1$ 背包问题的最优解且比 $(x_1, x_2, \cdots, x_n)$ 更优，这样就会导致矛盾。

子问题如何定义呢？$0-1$ 背包问题可以看作决策一个序列 $(x_1, x_2, \cdots, x_n)$，对任一变量 x_i 的决策是决定 $x_i = 1$ 还是 $x_i = 0$。设 $v(n, C)$ 表示将 n 个物品装入容量为 C 的背包获得的最大价值。显然，初始子问题是把前面 i 个物品装入容量为 0 的背包和把 0 个物品装入容量为 j 的背包，得到的价值均为 0，即

$$v(i, 0) = v(0, j) = 0 \quad (0 \leqslant i \leqslant n, 0 \leqslant j \leqslant C)$$

考虑原问题的一部分，设 $v(i, j)$ 表示将前 $i (1 \leqslant i \leqslant n)$ 个物品装入容量为 $j (0 \leqslant j \leqslant C)$ 的背包获得的最大价值，在决策 x_i 时，已确定了 $(x_1, \cdots, x_{i-1})$，则问题无非是下列两种状态之一。

(1) 背包容量不足以装入物品 i，则装入前 i 个物品得到的最大价值和装入前 $i-1$ 个物品得到的最大价值是相同的，即 $x_i = 0$，背包的价值不会有任何增加。

(2) 背包容量可以装入物品 i，如果把第 i 个物品装入背包，则背包中物品的价值等于把前 $i-1$ 个物品装入容量为 $j - w_i$ 的背包中的价值加上第 i 个物品的价值 v_i；如果第 i 个物品没有装入背包，则背包中物品的价值和把前 $i-1$ 个物品装入容量为 j 的背包中所取得的价值是等同的。显然，取二者中价值较大者作为把前 i 个物品装入容量为 j 的背包中的最优解，则得到如下递推式:

$$v(i, j) = \begin{cases} v(i-1, j), & j < w_i \\ \max\{v(i-1, j), v(i-1, j-w_i) + v_i\}, & j \geqslant w_i \end{cases}$$

为了确定装入背包的具体物品，从 $v(n, C)$ 的值向前推，如果 $v(n, C) > v(n-1, C)$，表明第 n 个物品装入背包，前 $n-1$ 个物品装入容量为 $C - w_n$ 的背包；否则，第 n 个物品没有装入背包，前 $n-1$ 个物品装入容量为 C 的背包。依此类推，直到确定第 1 个物品是否装入背包中为止。由此，得到如下函数:

$$x_i = \begin{cases} 0, & v(i, j) = v(i-1, j) \\ 1, j = j - w_i, & v(i, j) > v(i-1, j) \end{cases}$$

3. 自底向上计算最优值

例如，有 5 个物品，其质量分别为 (2, 2, 6, 5, 4)，价值分别为 (6, 3, 5, 4,

6)，背包的容量为10，图 3 – 2 所示就是用动态规划算法求解 0 – 1 背包问题的过程，具体过程如下。

		0	1	2	3	4	5	6	7	8	9	10	
	0	0	0	0	0	0	0	0	0	0	0	0	$x_1=1$
$w_1=2\ v_1=6$	1	0	0	6	6	6	6	6	6	6	6	6	$x_2=1$
$w_2=2\ v_2=3$	2	0	0	6	6	9	9	9	9	9	9	9	$x_3=0$
$w_3=6\ v_3=5$	3	0	0	6	6	9	9	9	9	11	11	14	$x_4=0$
$w_4=5\ v_4=4$	4	0	0	6	6	9	9	9	10	11	13	14	$x_5=1$
$w_5=4\ v_5=6$	5	0	0	6	6	9	9	12	12	15	15	15	

图 3 – 2   用动态规划算法求解 0 – 1 背包问题的过程

首先求解初始子问题，把前面 i 个物品装入容量为 0 的背包和把 0 个物品装入容量为 j 的背包，即 $v(i,0) = v(0,j) = 0$，将第 0 行和第 0 列初始化为 0。

然后对第一个阶段的子问题进行求解，装入前 1 个物品，确定各种情况下背包能够获得的最大价值：由于 $1 < w_1$，则 $v(1,1) = 0$；由于 $2 = w_1$，则 $v(1,2) = \max\{v(0,2)$，$v(1,2 - w_1) + v_1\}$；依此计算，填写第 1 行。

再求解第二个阶段的子问题，装入前 2 个物品，确定各种情况下背包能够获得的最大价值：由于 $1 < w_2$，则 $v(2,1) = 0$；由于 $2 = w_2$，则 $v(2,2) = \max\{v(1,2)$，$v(1,2 - w_2) + v_2\}$；依此计算，填写第 2 行。依此类推，直到第 n 个阶段，$v(5,10)$ 便是在容量为 10 的背包中装入 5 个物品时取得的最大价值。

4. 构造最优解

为了求得装入背包的物品，从 $v(5,10)$ 开始回溯，由于 $v(5,10) > v(4,10)$，则物品 5 装入背包，$j = j - w_5 = 6$；由于 $v(4,6) = v(3,6)$，$v(3,6) = v(2,6)$，则物品 4 和物品 3 没有装入背包；由于 $v(2,6) > v(1,6)$，则物品 2 装入背包，$j = j - w_2 = 4$；由于 $v(1,4) > v(0,4)$，则物品 1 装入背包，问题的最优解 $x = \{1,1,0,0,1\}$ 即可得到。

5. 代码实现

设 n 个物品的质量存储在数组 w[n] 中，价值存储在数组 v[n] 中，背包容量为 C，数组 v[n + 1][C + 1] 存放迭代结果，其中 v[i][j] 表示前 i 个物品装入容量为 j 的背包中获得的最大价值，数组 x[n] 存储装入背包的物品，用动态规划算法求解 0 – 1 背包问题的实现代码如下。

```
int KnapSack(int w[ ],int v[ ],int n,int C)
{
    int i,j;
    for(i = 0;i <= n;i ++)              //初始化第 0 列
       v[i][0] = 0;
    for(j = 0;j <= C;j ++)              //初始化第 0 行
       v[0][j] = 0
    for(i = 1;i <= n;i ++)             //计算第 i 行,进行第 i 次迭代
     for(j = 1;j <= C;j ++)
       if(j < w[i])v[i][j] = v[i - 1][j];
```

```
        else v[i][j] = max(v[i-1][j],v[i-1][j-w[i]] + v[i]);
    for(j = c,i:n;i > 0;i -- )          //求装入背包的物品
    {
        if(v[i][j] > v[i-1][j])
        {
        x[i] = 1;j = j - w[i];
        }
        else x[i] = 0;
    }
    return v[n][c];                     //返回背包取得的最大价值
}
```

6. 算法分析

在算法 KnapSack 中，第一个 for 循环的时间性能是 $O(n)$，第二个 for 循环的时间性能是 $O(C)$，第三个循环是两层嵌套的 for 循环，其时间性能是 $O(n \times C)$，第四个 for 循环的时间性能是 $O(n)$，因此，算法的时间复杂度是 $O(n \times C)$。

3.2.3　矩阵连乘问题

1. 问题描述

矩阵连乘问题是指，给定一系列矩阵 A_1，A_2，A_3，$\cdots$，A_n，其中矩阵 A_i 的规模为 $p_{i-1} \times p_i (1 \leqslant i \leqslant n)$，且相邻两个矩阵可以进行矩阵乘法运算。假设要对这 n 个矩阵进行连乘，求出进行连乘的最少次数以及最优的连乘顺序。

具体地，假设 A_1，A_2，A_3，$\cdots$，A_k 和 A_{k+1}，A_{k+2}，$\cdots$，A_n 是两个连续的矩阵序列，则它们的连乘次数为 $(p_0 \times p_1 \times \cdots p_k) \times (p_k \times p_{k+1} \times \cdots p_n)$。其中，$p_0$，$p_1$，$\cdots$，$p_n$ 分别表示各个矩阵的行数或列数，由于矩阵乘法是满足结合律的，所以最终的连乘次数不受括号化方案的影响。矩阵连乘问题在计算机图形学、人工智能、数据科学等领域都有重要的应用。

2. 问题分析

对于任意两个矩阵 $A_{p \times q}$ 和 $B_{q \times r}$，它们相乘得到矩阵 $C_{p \times r}$，即 $A_{p \times q} \times B_{q \times r} = C_{p \times r}$。由于计算 $C_{p \times r}$ 的标准算法中，主要计算量集中在三重循环，具体值为 $p \times q \times r$。矩阵相乘的先后次序对运算总数有影响。例如，计算 3 个矩阵的连乘积 $A_1 \times A_2 \times A_3$，假设 A_1 是 10×100 的矩阵，A_2 是 100×5 的矩阵，A_3 是 5×50 的矩阵，可知：

$((A_1 A_2)A_3)$ 所需的乘法次数 $= 10 \times 100 \times 5 + 10 \times 5 \times 50 = 7\ 500$

$(A_1(A_2 A_3))$ 所需的乘法次数 $= 100 \times 5 \times 50 + 10 \times 100 \times 50 = 75\ 000$

由此可见，通过为矩阵乘法加括号，不同的计算次序所产生的计算量是不同的，如何找到计算量的最小值呢？应该从不同计算量中找出最小计算量，从而确定最优计算次序，即寻找矩阵连乘问题的最优完全加括号方式。

以 4 个矩阵连乘的最优顺序为例，$A = A_1 \times A_2 \times A_3 \times A_4$，列出上述所有 5 种不同的乘积结合次序。矩阵连乘问题就是从这 5 种方式中找出乘法次数最少的连乘方式，即找到一个最优的计算次序。当矩阵个数增加到 n 个，计算 $A_1 \times A_2 \times \cdots \times A_n$ 这 n 个矩阵的连乘积，

简写为 $A[1{:}n]$。

当计算 $A[1{:}n]$ 的一个最优计算次序时，设这个最优计算次序在矩阵 A_k 和 A_{k+1} 之间将矩阵链断开（$1 \leqslant k < n$），则完全加括号方式为 $((A_1 \cdots A_k)(A_{k+1} \cdots A_n))$，最终的结果 $A[1{:}n]$ 的最优计算次序取决于 $A[1{:}k]$ 和 $A[k+1{:}n]$ 的最优计算次序，即矩阵连乘问题的最优解包含其子问题的最优解，具有最优子结构的性质，同时这一性质是这类问题可以用动态规划算法解决的前提。

设 $m[i][j]$ 是计算 $A_i \times A_{i+1} \times \cdots \times A_j$ 所需的最少乘法次数，满足最优性，则有

$$m[i][j] = \begin{cases} 0, & i = j \\ \min\limits_{i \leqslant k < j} \{m[i][k] + m[k+1][j] + b_{i-1}b_k b_j\}, & i < j \end{cases}$$

其中，$m[i][k]$ 是计算 $A_i \times A_{i+1} \times \cdots \times A_k$ 所需的最少乘法次数；$m[k+1][j]$ 是计算 $A_{k+1} \times A_{k+2} \times \cdots \times A_j$ 所需的最少乘法次数。

从上式可看出 $m[i][j]$ 是在 k 遍历 i 和 $j-1$ 之间的可能值时（$i \leqslant k < j$），$m[i][k]$、$m[k+1][j]$、$b_{i-1}b_k b_j$ 3 项之和的最小值。计算 $m[i][j]$ 时，先将 $m[i][k]$ 和 $m[k+1][j]$ 存储下来，以备后用。因为 k 在 $i \leqslant k < j$ 范围内，如 $j - i > k - 1, j - i > j - (k+1)$，所以可按递增顺序，先计算 $m[i][i+1]$，再计算 $m[i][i+2]$。

$m[i][j]$（$j > i$）给出了计算 $M[i{:}j]$ 所需的最少数乘法次数，同时确定了计算 $M[i{:}j]$ 的最优次序时的最佳断开位置 k。由于有带 3 个变量 i，j，k 的三重循环，所以时间复杂度为 $O(n^3)$，比穷举法所需的时间短。

3. 自底向上计算最优值

计算矩阵连乘的最优组合，有 4 个矩阵如下：

$M_{1(r_0 \cdot r_1)} M_{2(r_1 \cdot r_2)} M_{3(r_2 \cdot r_3)} M_{4(r_3 \cdot r_4)}$，其中 $b_0 = 10$，$b_1 = 20$，$b_2 = 50$，$b_3 = 1$，$b_4 = 100$。

解：$m[1][1] = m[2][2] = m[3][3] = m[4][4] = 0$

$\quad m[1][2] = m[1][1] + m[2][2] + r_0 r_1 r_2 = 0 + 0 + 10 \times 20 \times 50 = 10\ 000$

$\quad m[2][3] = m[2][2] + m[3][3] + r_1 r_2 r_3 = 0 + 0 + 20 \times 50 \times 1 = 1\ 000$

$\quad m[3][4] = m[3][3] + m[4][4] + r_2 r_3 r_4 = 0 + 0 + 50 \times l \times 100 = 5\ 000$

$$m[1][3] = \begin{cases} m[1][1] + m[2][3] + r_0 r_1 r_3 = 0 + 1000 + 10 \times 20 \times 1 = 1200 \\ m[1][2] + m[3][3] + r_0 r_2 r_3 = 10\ 000 + 0 + 10 \times 50 \times 1 = 10\ 500 \end{cases}$$

$$m[2][4] = \begin{cases} m[2][2] + m[3][4] + r_1 r_2 r_4 = 0 + 5\ 000 + 20 \times 50 \times 100 = 105\ 000 \\ m[2][3] + m[4][4] + r_1 r_3 r_4 = 1\ 000 + 0 + 20 \times 1 \times 100 = 3\ 000 \end{cases}$$

$$m[1][4] = \begin{cases} m[1][1] + m[2][4] + r_0 r_1 r_4 = 0 + 3\ 000 + 10 \times 20 \times 100 = 23\ 000 \\ m[1][2] + m[3][4] + r_0 r_2 r_4 = 10\ 000 + 5\ 000 + 10 \times 50 \times 100 = 65\ 000 \\ m[1][3] + m[3][4] + r_0 r_3 r_4 = 1\ 200 + 0 + 10 \times 1 \times 100 = 2\ 200 \end{cases}$$

$m[1][4] = \min(m[1][k] + m[k+1][4] + r_{i-1} r_k r_j)$

$k = 1$ 时，$m[1][1] + m[2][4] + b_0 b_1 b_4 (A_1(A_2 A_3 A_4))$

$k = 2$ 时，$m[1][2] + m[3][4] + b_0 b_2 b_4 ((A_1 A_2)(A_3 A_4))$

$k = 3$ 时，$m[1][3] + m[4][4] + b_0 b_3 b_4 ((A_1 A_2 A_3) A_4)$

在整个计算过程中可以填写表 3 – 1 和表 3 – 2。

表 3 – 1　矩阵连乘问题的递推二维表

$m[1][1]=0$	$m[2][2]=0$	$m[3][3]=0$	$m[4][4]=0$
$m[1][2]=10\ 000$	$m[2][3]=1\ 000$	$m[2][4]=5\ 000$	
$m[1][3]=1\ 200$	$m[2][4]=3\ 000$		
$m[1][4]=2\ 200$			

表 3 – 2　矩阵连乘问题的断开位置表

$t[1][1]=0$	$t[2][2]=0$	$t[3][3]=0$	$t[4][4]=0$
$t[1][2]=1$	$t[2][3]=2$	$t[2][4]=3$	
$t[1][3]=1$	$t[2][4]=3$		
$t[1][4]=3$			

4. 构造最优解

为矩阵连乘问题构造最优解的过程可以使用递归和回溯的方法实现,其中二维数组 $m[i][j]$ 表示从第 i 个矩阵到第 j 个矩阵相乘的最小代价, $t[i][j]$ 表示从第 i 个矩阵到第 j 个矩阵相乘的最小代价的断点,即在第 $t[i][j]$ 个矩阵后进行括号划分。

下面以二维数组 $m[1][4]$ 和对应的 $t[i][j]$ 为例,给出构造最优解的过程。

（1）根据 $t[1][4]$ 得到断点位置 $k=3$,表示原来的矩阵连乘应该被拆分成 $(A_1A_2 \cdot A_3)\ (A_4)$ 的形式。

（2）对于 $(A_1A_2A_3)$,可以根据 $t[1][3]$ 得到断点位置 $k=1$,表示应该拆分为 (A_1) $(A_2 \cdot A_3)$ 的形式。此时可以继续递归求解 A_2 和 A_3 的最优解。

（3）组合起来,得到整个矩阵连乘的最优解为 $((A_1)(A_2A_3)\ A_4)$ 。

5. 代码实现

```cpp
#include <iostream>
using namespace std;
const int MAX_SIZE = 100;
const int INF = 1e9;
void MultiplyMatrix(int *b, int n, int **m, int **t) {
    //初始化
    for (int i = 1; i <= n; i ++) {
        m[i][i] = 0;
    }
    for (int r = 2; r <= n; r ++) {
        for (int i = 1; i <= n - r + 1; i ++) {
            int j = i + r - 1;
            m[i][j] = m[i + 1][j] + b[i - 1] * b[i] * b[j];
            t[i][j] = i;
```

```
                for (int k = i + 1; k < j; k ++) {
                        int q = m[i][k] + m[k + 1][j] + b[i - 1] * b[k] * b[j];
                        if (q < m[i][j]) {
                                m[i][j] = q;
                                t[i][j] = k;
                        }
                }
        }
    }
}
void PrintOptimalParens(int * *t, int i, int j) {
    if (i == j) {
            cout << "A" << i;
    } else {
            cout << "(";
            PrintOptimalParens(t, i, t[i][j]);
            PrintOptimalParens(t, t[i][j] + 1, j);
            cout << ")";
    }
}
int main() {
    int n;
    int b[MAX_SIZE];
    int * *m, * *t;
    // 读入矩阵规模和维度
    cout << "请输入矩阵的数量 n: ";
    cin >> n;
    cout << "请依次输入矩阵的维度: ";
    for (int i = 0; i <= n; i ++) {
            cin >> b[i];
    }
    // 动态分配内存
    m = new int *[n + 1];
    t = new int *[n + 1];
    for (int i = 1; i <= n; i ++) {
            m[i] = new int[n + 1];
            t[i] = new int[n + 1];
            for (int j = 1; j <= n; j ++) {
                    m[i][j] = INF;
                    t[i][j] = 0;
            }
    }
    // 求解最优值和最优解
    MultiplyMatrix(b, n, m, t);
    // 打印最优值和最优解
    cout << "矩阵连乘的最小代价为: " << m[1][n] << endl;
    cout << "最优解为: ";
    PrintOptimalParens(t, 1, n);
    cout << endl;
    // 释放动态分配的内存
    for (int i = 1; i <= n; i ++) {
```

```
            delete[] m[i];
            delete[] t[i];
    }
```

6. 算法分析

在该算法中，要计算 $M[i:j] = M[i:k] \times M[k+1:j]$ 的值，首先输入参数 $\{b_0, b_1, b_2, \cdots, b_n\}$ 存储 n 个矩阵的阶数下标，并初始化 $m[i][i] = 0$ $(i = 1, 2, \cdots, n)$。然后，根据递归式，按矩阵链长增长的方式依次计算 $m[i][i+1]$ $(i = 1, 2, \cdots, n-1$；矩阵链的长度为 2)、$m[i][i+2]$ $(i = 1, 2, \cdots, n-2$；矩阵链的长度为 3) ……在计算 $m[i][j]$ 时，只用到已计算出的 $m[i][k]$ 和 $m[k+1][j]$。该算法的时间复杂度为 $O(n^3)$（在建立递归关系式已分析过），空间复杂度为 $O(n^2)$。

3.2.4　电路布线问题

1. 问题描述

在一块电路板的上、下两端分别有 n 个接线柱。根据电路设计，要求用导线 $(i, \pi(i))$ 将上端接线柱与下端接线柱相连，如图 3-3 所示。其中 $\pi(i)$ 是 $\{1, 2, \cdots, n\}$ 的一个排列。导线 $(i, \pi(i))$ 称为该电路板上的第 i 条连线。对于任何 $1 \leqslant i < j \leqslant n$，第 i 条连线和第 j 条连线相交的充分且必要的条件是 $\pi(i) > \pi(j)$。电路布线问题是确定将哪些连线安排在第一层上，使该层上有尽可能多的连线。换句话说，该问题要求确定导线集 Nets = $\{(i, \pi(i)), 1 \leqslant i \leqslant n\}$ 的最大不相交子集。

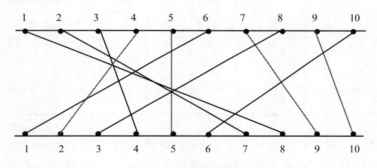

图 3-3　电路布线问题示意

2. 问题分析

设 $N(i,j) = \{t \mid (t, \pi(t)) \in \text{nets}, t \leqslant i, \pi(t) \leqslant j\}$，$N(i,j)$ 的最大不相交子集为 MNS(i, j)，size$(i,j) = |\text{MNS}(i,j)|$。

（1）当 $i = 1$ 时，

$$\text{MNS}(1,j) = N(1,j) = \begin{cases} \varnothing, & j < \pi(1) \\ \{(1, \pi(1))\}, & j \geqslant \pi(1) \end{cases}$$

（2）当 $i > 1$ 时，如果 $j < \pi(i)$，那么连线 $(i, \pi(i))$ 不在集合 $N(i,j)$ 中。因此，$N(i,j)$ 与 $N(i-1,j)$ 相同，它们的大小也相同。当 $j \geqslant \pi(i)$ 时，如果连线 $(i, \pi(i))$ 在集合 MNS(i,j) 中，那么集合 MNS(i,j) 除去 $(i, \pi(i))$ 之外的其余部分是 $N(i-1, \pi(i)-1)$ 的最

大不相交子集。否则，所有在 MNS(i,j) 中的连线都在 $N(i-1,j)$ 中，且 MNS(i,j) 的大小与 $N(i-1,j)$ 的大小相同。

综上可知，电路布线问题满足最优子结构性质。

（1）当 $n=1$ 时，$\qquad$ $\text{size}(1,j)=\begin{cases}0, & j<\pi(1) \\ 1, & j\geqslant\pi(1)\end{cases}$

（2）当 $n>1$ 时，$\text{size}(i,j)=\begin{cases}\text{size}(i-1,j), & j<\pi(i) \\ \max\{\text{size}(i-1,j),\text{size}(i-1,\pi(i)-1)+1\}, & j\geqslant\pi(i)\end{cases}$

自底向上递归计算最优值见表 3-3。

表 3-3　自底向上递归计算最优值

i	j										
	0	1	2	3	4	5	6	7	8	9	10
1	0	0	0	0	0	0	0	0	1	1	1
2	0	0	0	0	0	0	0	1	1	1	1
3	0	0	0	0	1	1	1	1	1	1	1
4	0	0	1	1	1	1	1	1	1	1	1
5	0	0	1	1	1	2	2	2	2	2	2
6	0	1	1	1	1	2	2	2	2	2	2
7	0	1	1	1	1	2	2	2	2	3	3
8	0	1	1	2	2	2	2	2	2	3	3
9	0	1	1	2	2	2	2	2	2	3	4
10	0	1	1	2	2	2	3	3	3	3	4

在构造最优解的时候，主要采取的方法是回溯递推的方法。设 Net[ ] 记录最大不相交子集中的线或连接数，$C[i]$ 代表接线柱下端的值，即 $\pi(i)$。根据"size[i][j]！= size[$i-1$][j]"的判断，进行"Net[$m++$] = i；$j=C[i]-1$；"的操作。最后，如果 $j\geqslant C[1]$，则表明最后一条连线也包含在最大不相交子集中，即"Net[$m++$] = 1；"。对上例来讲，首先需要判断的是"size[10][10]！= size[9][10]"是否为真，经过对最优值的查找，size[10][10] = 4，size[9][10] = 4，则说明（10，6）这条连线不包含在最大不相交子集中，j 的值不变。继续判断"size[9][10]！= size[8][10]"是否为真。由于 size[9][10] = 4，而 size[8][10] = 3，二者不相等，则表明最大不相交子集包含了（9，10）这条连线。那么，$j=10-1=9$。因此，接下来判断"size[8][9]！= size[7][9]"是否为真，依此类推。

3. 代码实现

```
#include < iostream >
#include < vector >
#include < algorithm >
```

```cpp
using namespace std;

const int MAXN = 1005;
int n; //接线柱数量
int size[MAXN][MAXN]; //size[i][j] 表示在前 i 条连线中选择 j 条安排在第一层上的最
大连线数
vector<int> C;     //代表接线柱下端的值,即 π(i)
vector<int> Net; //用于记录在最大不相交子集中的连线

void TraceBack() {
    int i = n, j = n;
    while(i > 0 && j > 0) {
        if(size[i][j] != size[i-1][j]) {
            Net.push_back(i);
            j = C[i] - 1;
        }
        i--;
    }
    reverse(Net.begin(), Net.end());
}

int main() {
    cin >> n;
    C.resize(n + 1);
    for (int i = 1; i <= n; ++i) {
        cin >> C[i];
    }

    for (int i = 1; i <= n; ++i) {
        size[i][0] = 0;
    }

    for (int j = 1; j <= n; ++j) {
        for (int i = j; i <= n; ++i) {
            if(j == 1) {
                size[i][j] = size[i-1][j-1] + 1;
            } else {
                size[i][j] = max(size[i-1][j-1] + 1, size[i-1][j]);
            }
            if(C[i] > C[i-1]) {
                size[i][j] = max(size[i][j], size[i-2][j-1] + 1);
            }
        }
    }

    TraceBack();
    cout << "Maximum non-intersecting lines count: " << size[n][n] << endl;
    cout << "Lines in the subset are: ";
    for(int line : Net) {
        cout << line << " ";
    }
```

```
    cout << endl;

    return 0;
}
```

4. 算法分析

该算法主要涉及两个核心部分：动态规划部分和回溯部分。

动态规划部分通过双重循环遍历了 size 数组的所有元素，以计算出每个位置的最大不相交连线数。因此，这部分的时间复杂度为 $O(n^2)$，其中 n 为电路中的节点数。

回溯部分，即 TraceBack 函数，通过反向遍历 size 数组来确定实际选择的连线。这部分的时间复杂度为 $O(n)$，因为它至多遍历所有的节点 1 次。

综合以上两部分，算法的总体时间复杂度为 $O(n^2) + O(n)$，但在大 O 表示法中，通常只考虑最高阶的项，因此总的时间复杂度为 $O(n^2)$。

在空间复杂度方面，主要的空间开销来自二维数组 size，它用于存储每个位置的最大不相交连线数，因此其空间复杂度为 $O(n^2)$。TraceBack 函数使用了一个一维数组 Net 来存储实际选择的连线，但其大小最大为 n，因此这部分的空间复杂度为 $O(n)$。但同样地，在大 O 表示法中，只考虑最高阶的项，因此总的空间复杂度为 $O(n^2)$。

需要注意的是，该算法的复杂度分析是基于使用动态规划算法的原始版本实现的。实际上，可以使用一些优化技巧来降低算法的时间复杂度和空间复杂度，例如滚动数组等。其框架如下：

```cpp
int main() {
    //输入问题的规模和初始状态
    //定义滚动数组(两个数组)来保存相邻两个阶段的状态信息
    vector<vector<int>> dp(2, vector<int>(n + 1));
    //初始化初始阶段的状态信息(第一个数组)
    for(int i = 1; i <= n; i++) {
        //初始化第一个数组的状态信息
    }

    //迭代计算每个阶段的状态信息
    for(int state = 1; state <= n; state++) {
        //根据递推关系式计算当前状态的状态信息(第二个数组)
        for(int i = 1; i <= n; i++) {
            //计算第二个数组的状态信息
        }

        //通过交换数组,更新滚动数组
        dp[0] = dp[1];
    }
    //输出最优解
    return 0;
}
```

此外，电路布线问题也可以使用回溯算法求解。使用回溯算法可以找出所有可行解，时间复杂度为指数级别，需要注意剪枝优化。回溯算法的空间复杂度取决于解的数量和长度，通常比动态规划算法高。

具体选择哪种算法应该根据实际情况确定。如果需要求最优解，使用动态规划算法更合适。如果需要找出所有可行解，使用回溯算法更合适。

3.2.5 最长回文子串问题

1. 问题描述

最长回文子串问题（Longest Palindromic Substring Problem）是指，在一个字符串中找到最长的回文子串。回文串是指正反读都一样的字符串，例如"level""noon"等。

2. 问题分析

最长回文子串问题可以使用动态规划算法解决。具体来说，使用一个二维数组 dp，其中 $dp[i][j]$ 表示从字符串中第 i 个字符到第 j 个字符的子串是否是回文串。有如下状态转移方程：

$$dp[i][j] = \begin{cases} ture, & i = j \\ s[i] = s[j], & j = i + 1 \\ s[i] = s[j] \&\& dp[i+1][j-1], & j > i + 1 \end{cases}$$

其中，s 表示原字符串，$s[i]$ 表示原字符串中第 i 个字符。

具体来说，如果一个字符串只有一个字符，那么它必定是回文串；如果一个字符串有两个字符，那么只有这两个字符相等时才是回文串；如果一个字符串有三个及以上字符，那么它是回文串当且仅当它的第一个字符和最后一个字符相等，并且它去掉第一个和最后一个字符后形成的子串也是回文串。因此，可以利用上述状态转移方程递推地求解 $dp[i][j]$ 数组。

3. 自底向上计算最优值

在计算 $dp[i][j]$ 数组的同时，需要记录最长回文子串的长度 max_len 和起始位置 start，当发现 $dp[i][j]$ 为 true 时，根据子串的长度更新 max_len 和 start。

4. 构造最优解

最后，返回原字符串中从 start 位置开始，长度为 max_len 的子串，即最长回文子串。

5. 代码实现

```cpp
#include <iostream>
#include <string>
#include <vector>
using namespace std;
string longest_palindromic_substring(string s) {
    int n = s.size();
    vector<vector<bool>> dp(n, vector<bool>(n));
    int max_len = 0, start = 0;
    for (int i = n - 1; i >= 0; i--) {
        for (int j = i; j < n; j++) {
            dp[i][j] = (s[i] == s[j]) && ((j - i < 2) || dp[i+1][j-1]);
            if (dp[i][j] && j - i + 1 > max_len) {
                max_len = j - i + 1;
                start = i;
            }
```

```
        }
    }
    return s.substr(start, max_len);
}
int main() {
    string s = "babad";
    string ans = longest_palindromic_substring(s);
    cout << ans << endl; //输出"bab"或"aba"
return;
}
```

该算法首先定义了一个二维布尔类型数组 dp，其中 dp[i][j] 表示从索引 i 到索引 j 的子串是否为回文串。然后，遍历整个字符串，并根据动态规划算法填充 dp 数组。对于每个索引 i 和 j，如果字符 s[i] 和 s[j] 相同，且子串（i+1, j-1）也是回文串，那么子串（i, j）也是回文串。如果（i, j）是回文串并且其长度大于 max_len，则更新 max_len 和 start 变量，这样在遍历完整个字符串后，start 将是最长回文子串的起始位置，而 max_len 将是其长度。

6. 算法分析

时间复杂度为 $O(n^2)$，其中 n 是字符串的长度。对于每个长度 l，共有 $n-l+1$ 个子串需要检查，对每个子串的检查需要 $O(1)$ 的时间复杂度。

空间复杂度为 $O(n^2)$，需要使用二维数组 dp 来存储子问题的结果。

3.2.6 股票买卖问题

1. 问题描述

股票买卖问题是指，给定一个股票价格序列，求如何进行买卖操作可以获得最大收益。假设只能进行一次买卖操作，即先买入股票再卖出股票，且不能同时持有多只股票。

2. 问题分析

动态规划是一种解决多阶段决策问题的算法，它将问题分为多个阶段，并将每个阶段的最优解保存起来，以便在下一阶段使用。在股票买卖问题中，可以将每个交易日看作一个阶段，每个阶段有两种状态——持有股票和不持有股票，因此可以使用动态规划算法求解最大收益。

例如，给定一个长度为 n 的股票价格序列 prices，prices[i] 表示第 i 天的股票价格，可以用以下方法解决股票买卖问题。

令 dp[i][0] 表示第 i 天不持有股票的最大收益，dp[i][1] 表示第 i 天持有股票的最大收益，则有

$$dp[i][0] = \max(dp[i-1][0], dp[i-1][1] + prices[i])$$
$$dp[i][1] = \max(dp[i-1][1], -prices[i])$$

其中，dp[0][0] = 0，dp[0][1] = -prices[0]，表示第一天不持有股票的最大收益为 0，持有股票的最大收益为 -prices[0]。

最终的答案为 dp[$n-1$][0]，即最后一天不持有股票的最大收益。

例如，假设给定以下股票价格序列——prices = [7, 1, 5, 3, 6, 4]，可以使用动态规划来求解最大收益。

首先，定义状态：

dp[i][0] 表示第 i 天不持有股票的最大收益；

dp[i][1] 表示第 i 天持有股票的最大收益。

接下来，初始化状态：

dp[0][0] = 0，因为第一天不持有股票的最大收益为 0；

dp[0][1] = - prices[0]，因为第一天持有股票的最大收益为 - prices[0]。

然后，可以使用状态转移方程计算 dp 数组：

$$dp[i][0] = \max(dp[i-1][0], dp[i-1][1] + prices[i])$$

$$dp[i][1] = \max(dp[i-1][1], - prices[i])$$

根据上述状态转移方程，可以得到以下状态（表 3-4）。

表 3-4　股票买卖问题状态

i	prices[i]	dp[i][0]（不持有股票的最大收益）	dp[i][1]（持有股票的最大收益）
0	7	0	-7
1	1	0	-1
2	5	4	-1
3	3	4	-3
4	6	7	-3
5	4	7	2

最后，根据动态规划算法的定义，最大收益为 dp[n-1][0]，即最后一天不持有股票的最大收益，因此最大收益为 7。

综上所述，对于股票价格序列 prices = [7, 1, 5, 3, 6, 4]，使用动态规划算法可以得到最大收益为 7。

3. 代码实现

```
int maxProfit(vector < int >& prices) {
    int n = prices.size();
    vector < vector < int >> dp(n, vector < int >(2, 0)); //定义 dp 数组
    dp[0][0] = 0; //第一天不持有股票的最大收益为 0
    dp[0][1] = -prices[0]; //第一天持有股票的最大收益为 - prices[0]
    for (int i = 1; i < n; i ++) {
        dp[i][0] = max(dp[i-1][0], dp[i-1][1]+prices[i]); //第 i 天不持有
股票的最大收益
        dp[i][1] = max(dp[i-1][1], -prices[i]); //第 i 天持有股票的最大收益
    }
    return dp[n-1][0]; //返回最后一天不持有股票的最大收益
}
```

```
int main() {
    vector < int > prices = {7,1,5,3,6,4};
    int max_profit = maxProfit(prices);
    cout << max_profit << endl; //输出最大收益
    return 0;
}
```

4. 算法分析

该代码的时间复杂度为 $O(n)$，空间复杂度为 $O(n)$。可以进一步优化空间复杂度，使其为 $O(1)$，在动态规划算法中，只需要维护前一天的状态即可，读者可以自行思考。

3.3 动态规划算法的时间和空间复杂度分析

3.3.1 时间复杂度分析

动态规划算法的时间复杂度需要根据具体算法进行分析。一般来说，动态规划算法的时间复杂度与问题的规模有关，与输入数据的具体形式和大小无关。通常情况下，动态规划算法的时间复杂度是指执行次数与输入数据规模 n 的函数关系，即 $O(f(n))$。

在分析动态规划算法的时间复杂度时，通常需要考虑以下几个因素。

（1）状态数。动态规划算法的时间复杂度与状态数有关。一般来说，状态数是问题规模的函数。状态数越多，时间复杂度越高。

（2）状态转移方程。动态规划算法的时间复杂度还与状态转移方程的复杂度有关。状态转移方程的复杂度包括计算每个状态需要的时间和空间复杂度。

（3）计算顺序。动态规划算法的时间复杂度还与计算顺序有关。计算顺序可以影响状态转移方程的复杂度和状态之间的依赖关系。

（4）初始状态。动态规划算法的时间复杂度还与初始状态有关。有些问题需要计算多个初始状态，这会增加时间复杂度。

综上所述，动态规划算法的时间复杂度分析需要考虑多个因素，并根据具体算法进行分析。

3.3.2 空间复杂度分析

动态规划算法的空间复杂度也需要根据具体算法进行分析。一般来说，动态规划算法的空间复杂度是指算法执行过程中需要使用的空间大小与输入数据规模 n 的函数关系，即 $O(g(n))$。

在分析动态规划算法的空间复杂度时，需要考虑的因素通常与时间复杂度相似，请读者参考 3.3.1 节的描述。

3.4　＊动态规划算法的进阶应用介绍

3.4.1　机器学习中的参数优化问题

动态规划算法不是一种常见的参数优化算法，更多地用于解决优化问题中的最优子结构问题。在机器学习中，通常采用梯度下降等算法对模型参数进行优化。

梯度下降是一种迭代优化算法，其思想是不断调整模型参数以最小化目标函数的值。该算法在每个迭代步骤中计算目标函数的梯度，然后按照梯度的负方向对参数进行更新。这样反复迭代直到收敛或达到预定的迭代次数，就可以得到模型的最优参数。

相比之下，动态规划算法通常用于解决具有最优子结构性质的问题，如最长公共子序列问题、0－1 背包问题等。虽然动态规划算法也可以用于优化机器学习模型中的参数，但并不是最优的选择，因为动态规划算法的时间复杂度可能很高，而且其应用范围也比较有限。在实际应用中，梯度下降等迭代优化算法更为常用。

虽然动态规划算法通常不是优化机器学习模型参数的首选方法，但在一些特定的情况下可以采用动态规划算法来优化模型参数。

一个例子是隐马尔可夫模型（Hidden Markov Model，HMM）的参数估计问题。在 HMM 中，一个观测序列和一个隐状态序列构成了一个序列模型。给定一组观测序列和模型结构，需要学习模型的参数（即转移概率和发射概率），以最大化对数似然函数。

HMM 的参数估计问题可以看作一个最大化对数似然函数的优化问题。对于给定的观测序列，可以使用动态规划算法来计算每个时刻的前向概率和后向概率，然后使用 Baum－Welch 算法（也称为 Expectation－Maximization 算法）来更新模型参数。

Baum－Welch 算法是一种基于动态规划算法的参数估计算法，它采用前向－后向算法来计算观测序列的似然概率，并使用 Expectation－Maximization 算法来更新模型参数。在每次迭代中，Baum－Welch 算法使用前向－后向算法来计算每个观测序列的概率，然后根据这些概率来更新模型参数。具体地说，它使用动态规划算法来计算每个时刻的前向概率和后向概率，然后使用 Expectation－Maximization 算法来更新模型参数。

虽然 Baum－Welch 算法使用了动态规划算法的思想，但是它的目标是优化模型参数，而不是寻找一个最优解。因此，这种算法更多地被认为是一种参数估计方法，而不是一种优化算法。

3.4.2　语音识别和自然语言处理中的语音/文本对齐问题

动态规划算法可以用于对齐输入的语音和文本，以帮助进行语音识别和自然语言处理。

对齐输入的语音和文本是语音识别和自然语言处理中的一个重要问题。在语音识别中，语音信号被转换为文本序列，需要将输入的语音和对应的文本进行对齐。在自然语言处理中，文本和语音之间也需要对齐，以便进行语音翻译、语音合成等任务。

动态规划算法是解决语音/文本对齐问题的一种常见方法。具体地说，动态规划算法可以用于计算输入的语音信号和文本序列之间的最佳匹配。

一种经典的算法是 Needleman – Wunsch 算法，它是一种全局比对算法，可以用于对齐两个序列，例如语音信号和文本序列。该算法使用动态规划算法来计算两个序列之间的最佳匹配。在每个时间步，它计算当前位置的匹配分数，然后根据分数和之前的状态转移矩阵来选择最优的状态转移路径。

另一个常用的算法是 Smith – Waterman 算法，它是一种局部比对算法，可以用于在较长的文本中找到与语音信号最匹配的部分。该算法也使用动态规划算法来计算最优匹配，并允许局部比对，即匹配最相似的一部分文本。

总地来说，动态规划算法在语音/文本对齐问题中的应用是非常广泛的，它不仅可以帮助解决语音识别和自然语言处理中的一些问题，还可以用于解决其他领域中的序列匹配问题。

3.4.3 图像处理中的边缘检测和图像分割问题

动态规划算法可以用于检测图像中的边缘，并将图像分割成若干个连通区域。

动态规划算法是图像处理中用于边缘检测和图像分割的一种有效方法。具体来说，边缘检测的目标是找到图像中的所有边缘，而图像分割的目标是将图像划分成若干个连通区域，每个区域具有相似的特征或属性。

在边缘检测中，动态规划算法可以用于计算图像中像素之间的最短路径。边缘通常被定义为图像中强度变化较大的位置，例如颜色、亮度或纹理的变化。通过计算图像中相邻像素之间的强度变化，并将其表示为权重，可以将边缘检测问题转化为计算最短路径的问题。动态规划算法可以被用来寻找最短路径，从而检测出图像中的边缘。

在图像分割中，动态规划算法可以用于寻找图像中的分割边界。分割边界通常是连接不同区域的边缘，因此可以将其视为连接两个区域的最短路径。动态规划算法可以用于计算最短路径，并将图像分割成若干个连通区域。

3.4.4 生物信息学中的动态规划算法

生物信息学中的动态规划算法是一种在比对序列和分析生物信息方面广泛使用的算法。它可以用来比对 DNA、RNA 或蛋白质序列，并确定它们之间的相似性。动态规划算法的基本思想是将序列比对问题分解成一系列重叠的子问题，然后解决这些子问题并组合它们的解决方案以获得最终的解决方案。在生物信息学中，动态规划算法主要用于全局序列比对和局部序列比对。

全局序列比对是指将两个序列的所有部分都进行比对，以找到它们之间的最大相似性。全局序列比对中最常用的是 Needleman – Wunsch 算法，它是一种标准的动态规划算法，它将序列比对问题转换为矩阵问题，并找到一个最优比对方案。

局部序列比对是指在两个序列中找到相似片段的问题。局部序列比对算法中最常用的是 Smith – Waterman 算法，它也是一种标准的动态规划算法。它首先生成一个矩阵，然后找到矩阵中的最大值并确定相应的最优比对方案。

动态规划算法的优点是可以找到最优的序列比对方案，并且可以处理较大的序列。然而，它的缺点是需要大量的计算，并且可能需要大量的空间。因此，现代生物信息学算法通常使用更高效的启发式算法（例如 BLAST 和 FASTA）进行序列比对和分析。

3.5　本章小结

动态规划作为一种高效的算法思想，已经被广泛应用于各个领域，包括计算机科学、数学、物理学、生物学、经济学等。随着科技的不断发展，越来越多的问题需要高效的算法解决，因此动态规划算法的应用前景非常广阔。

党的二十大精神强调开拓创新、科学发展、实事求是等核心原则，这些原则与动态规划算法的应用场景密切相关。在计算机科学领域，动态规划算法被广泛应用于图像处理、自然语言处理、机器学习、计算机视觉等领域。随着深度学习的兴起，动态规划算法在模型训练和优化中也有着重要的作用。

动态规划算法在这些领域的应用场景非常广泛，涉及计算机科学的多个分支，动态规划算法能够在这些领域中提供高效的解决方案，符合开拓创新和科学发展的精神。

3.6　习题

1. 给定一个数组，每个元素代表一个正整数的值，设计一个算法来找到一个连续子数组，使它的和最大。分析算法的时间复杂度为 $O(n)$。

2. 给定一个二维数组，每个元素代表一个正整数的值，设计一个算法来找到从左上角到右下角的路径，使路径上经过的元素之和最小。分析算法的时间复杂度为 $O(n^2)$。

3. 给定一个长度为 n 的整数数组 arr 和一个正整数 m，设计一个算法来将数组分成 m 个连续的子数组，使子数组中的元素之和的最大值最小。分析算法的时间复杂度为 $O(nm)$。

4. 给定一个二维数组，每个元素代表一个非负整数的值，设计一个算法来找到从左上角到右下角的路径，使路径上经过的元素之和恰好为目标值。分析算法的时间复杂度为 $O(n^2)$。

5. 给定一个长度为 n 的整数数组 arr 和一个正整数 k，设计一个算法来找到数组中的 k 个不同元素，使它们的和最大。分析算法的时间复杂度为 $O(n^k)$。

6. 农夫约翰的家人在挤牛奶的时候都在做农务，以尽可能快地完成所有农务，但是有些农务必须在别的农务完成之后才能开始。农夫约翰有一个必须完成的 n 项农务（$3 \leqslant n \leqslant 100$）的列表。每项农务都需要一个整数时间（$1 \leqslant$ 时间 $\leqslant 100$）才能完成，并且在开始这项农务之前，还可能需要完成其他农务。把这些称为"先决条件"。当然，至少有一项农务没有先决条件，而有些农物有可能有 k 个先决条件。编写一个程序，计算完成所有 n 项农务所需的最短时间。当然，不依赖彼此的农务可以同时进行。

输入：第一行为一个整数 n，表示有 n 项农务。

接下来 n 行，分别表示农务编号为 $1 \sim n$。每行有几个整数，用空格隔开。

每行第一个整数为该项农务所需要花费的时间，第二个整数 k 表示该项农务有 k 个先决条件，接下来整数便是这些先决条件的农务编号 Pi，$(0 \leqslant Pi \leqslant 100)$。

输出：只有一行，为完成所有农务的最短时间。

输入样例：

7
5 0
1 1 1
3 1 2
6 1 1
1 2 2 4
8 2 2 4
4 3 3 5 6

输出样例：

23

7. 在一个 $2 \times N$ 的矩阵中填数字，每个数字都是 $0 \sim 9$ 中的一个数，要求每一列都不包含相同的数字。请问有多少种符合要求的填法？

输入：一个整数 N。

输出：一个整数，表示有多少种符合要求的填法。

输入样例：

2

输出样例：

90

8. 给定两个字符串 s_1 和 s_2，计算将 s_1 转换为 s_2 所需的最小操作数。可以进行 3 种操作：插入一个字符、删除一个字符或替换一个字符。

输入：两行，分别表示两个字符串 s_1 和 s_2。

输出：只有一行，为将 s_1 转换为 s_2 所需的最小操作数。

输入样例：

horse

ros

输出样例：

3

9. 给定一个长度为 n 的数组，找到其中的一个最长递增子序列，输出其长度。其中，递增子序列指的是其元素在原序列中的相对顺序不变的子序列。

输入：第一行包含一个整数 n，表示数组的长度。第二行包含 n 个整数，表示给定的数组。

输出：只有一行，包含一个整数，表示最长递增子序列的长度。

输入样例：

6

1 3 5 2 4 6

输出样例：

4

10. 有 N 件物品和一个容量为 V 的背包。第 i 件物品的体积是 v_i，如果将其装入背包，可以得到的价值为 w_i。物品不能拆分，只能选择装或不装。现在要将物品分成 K 组，每组物品的总体积不能超过 V，且每组物品中的最大价值之和最小。求最小的最大价值之和。

输入：

第一行包含 3 个整数 N，K，V，分别表示物品数量、分组数量和背包容积。

接下来 N 行，每行包含两个整数 v_i，w_i，分别表示第 i 件物品的体积和价值。

输出：

只有一行，表示最小的最大价值之和。

输入样例：

5 3 10

1 5

2 3

5 2

3 7

2 4

输出样例：

9

11. 给定不同面额的硬币和一个总金额 amount。编写一个函数来计算可以凑成总金额所需的最少的硬币个数。如果无法凑出总金额，返回 -1。

输入：第一行包含两个整数 n 和 amount，表示硬币的种数和总金额。接下来 n 行，每行包含一个整数，表示一种硬币的面额。

输出：只有一行，表示可以凑成总金额所需的最少的硬币个数。

输入样例：

3 11

1

2

5

输出样例：

3

12. 给定一个字符串 s，找到其中最长的回文子串。可以假设 s 的最大长度为 1 000。

输入：只有一行，表示给定的字符串 s。

输出：只有一行，表示其中最长的回文子串。

测试输入：

bbbab

测试输出：

Bbbb

13. 给定 n 个开区间 (a_i, b_i)，请选择尽量少的点，使每个开区间内至少包含一个所选的点。输出选择的点的最小数量。

输入：第一行是开区间的数量 n，接下来 n 行给出每个开区间的左、右端点 a_i 和 b_i。

输出：只有一行，表示选择的点的最小数量。

输入样例：

3

1 3

2 4

3 5

输出样例：

2

14. 导弹拦截系统可以同时拦截多枚导弹。现在有若干枚导弹，每枚导弹飞来的高度都不同，导弹拦截系统在拦截一枚导弹之后，下一枚必须拦截的导弹的高度比上一枚导弹小。编写程序，计算最少需要配备多少套导弹拦截系统，才能拦截所有导弹。

输入：第一行是导弹的数量 n，接下来一行给出每个导弹的高度。

输出：只有一行，表示最少需要配备多少套导弹拦截系统。

输入样例：

8

300 207 155 300 299 170 158 65

输出样例：

2

15. 给定一个 $N \times N$ 的矩阵，矩阵的每个格子中有一个正整数，从左上角走到右下角，每次只能向下或向右走，沿途经过的格子中的数字要累加起来。计算出一条从左上角到右下角的路径，使路径上经过的数字和最小，并输出这个最小的数字和。

输入：第一行是一个正整数 N，表示矩阵的大小。接下来 N 行，每行有 N 个正整数，表示矩阵中对应格子中的数字。

输出：只有一行，表示从左上角到右下角的路径上经过的数字和的最小值。

输入样例：
3
1 3 1
1 5 1
4 2 1
输出样例：
7

第 4 章

贪心算法

※章节导读※

贪心算法是一种常见的算法，其基本思想是在每一步都采取当前状态下最好或最优（即局部最优）的选择，从而希望最终结果是全局最优的。

【学习重点】

（1）贪心算法的基本思想和实现过程。需要理解贪心算法的核心思想，即每一步选择局部最优解，最终得到全局最优解。同时需要学会如何设计贪心算法，包括如何选择贪心策略和如何证明贪心算法的正确性。

（2）贪心算法的应用场景和实际应用。贪心算法在求解最小生成树、最短路径，任务调度等方面有着广泛的应用，因此需要了解贪心算法在这些方面的实际应用情况，以及如何针对具体问题设计贪心算法。

（3）贪心算法的优化和扩展。在实际应用中，贪心算法可能存在一些问题，比如无法得到全局最优解、贪心策略不唯一等，因此需要学习如何进行贪心算法的优化和扩展，以提高算法的效率和性能。

【学习难点】

（1）贪心策略的选择。在设计贪心算法时，需要选择合适的贪心策略，即选择每一步的局部最优解，这需要具有一定的抽象思维和数学能力。

（2）贪心算法的正确性证明。贪心算法并不能保证得到全局最优解，因此需要学习如何进行贪心算法的正确性证明，以保证贪心算法的正确性。

（3）贪心算法与其他算法的比较。在某些情况下，贪心算法并不一定是最优算法，因此需要将贪心算法与其他算法进行比较，以选择合适的算法来解决具体问题。

4.1 引言

在计算机科学中，贪心算法是一种基于贪心策略的算法，与动态规划算法类似，贪心算法也用于求解最优化问题。与动态规划算法不同的是，贪心算法通常包含一个用于寻找局部最优解的迭代过程。在一些情况下，可以通过局部最优解最终得到全局最优解，但在有些问题中，贪心算法则无法得到最优解。

贪心算法通常分为两个步骤：建立数学模型和设计贪心策略。其中，建立数学模型是指将问题抽象成一个数学模型，以便进行分析和求解；设计贪心策略则是根据问题特点和求解目标，选择合适的贪心策略。

贪心算法在实际中具有广泛的应用，例如在图论、优化问题、网络设计和资源分配等方面。但是，贪心算法并不是适用于所有问题的，有时贪心策略可能导致无法得到全局最优解或者难以证明其正确性。

4.1.1 贪心算法的基本思想

贪心算法的基本思想是，每一步都采取当前状态下最好或最优的选择，从而希望最终能够得到全局最优解。

贪心算法将问题分为多个阶段，在每个阶段做出局部最优的贪心选择。作为一种算法设计技术，贪心算法是一种简单有效的方法。正如其名字一样，贪心算法在解决问题的策略上，只根据当前已有的信息就做出选择，而且一旦做出选择，不管将来有什么结果，这个选择都不会改变。换言之，贪心算法并不是从整体最优考虑，它所做出的选择只是在某种意义上的局部最优选择。这种局部最优选择并不总能获得整体最优解（optimal solution），但通常能获得近似最优解（near – optimal solution）。和动态规划算法相似，贪心算法也经常用于求解最优化问题。

具体来说，贪心算法通常采取以下步骤。

步骤 1：将问题抽象成一个数学模型，将待优化的目标表示为一个函数。

步骤 2：设计贪心策略，即确定每一步选择中的最优解，以最终达到全局最优解的目标。

步骤 3：将贪心策略转化为算法，实现具体的计算过程。

步骤 4：对贪心算法进行正确性分析，证明所得的解是全局最优解。

从许多可以用贪心算法求解的问题中看到，这类问题一般具有两个重要的性质：最优子结构性质（optimal substructure property）和贪心选择性质（greedy selection property）。

1. 最优子结构性质

贪心算法的每一次操作都对结果产生直接影响，而动态规划算法则不是。贪心算法对每个子问题的解决方案都做出选择，不能回退；动态规划算法则会根据以前的选择结果对当前情况进行选择，有回退功能。动态规划算法主要运用于二维或三维问题，而贪心算法一般用于一维问题。

动态规划算法和贪心算法的区别见表 4 - 1。

表 4 - 1　动态规划算法和贪心算法的区别

项目	基本思想	依赖子问题的解	解问题的方向	最优解	复杂程度
贪心算法	贪心选择	否	自顶向下	局部最优	简单有效
动态规划算法	递归定义填表	是	自底向上	整体最优	较复杂

在分析问题是否具有最优子结构性质时，通常先假设由问题的最优解导出的子问题的解不是最优的，然后证明在这个假设下可以构造出比原问题的最优解更好的解，从而导致矛盾。

2. 贪心选择性质

所谓贪心选择性质，是指问题的整体最优解可以通过一系列局部最优的选择，即贪心选择来得到，这是贪心算法和动态规划法算法的主要区别。在动态规划算法中，每一步所做出的选择（决策）往往依赖相关子问题的解，因此只有在求出相关子问题的解后才能做出选择。贪心算法仅在当前状态下做出最好的选择，即局部最优选择，然后求解做出这个选择后产生的相应子问题的解。正是由于这种差别，动态规划算法通常以自底向上的方式求解各子问题，而贪心算法则通常以自顶向下的方式做出一系列贪心选择，每做一次贪心选择就将问题简化为规模更小的子问题。

对于一个具体问题，要确定它是否具有贪心选择性质，必须证明每一步所做的贪心选择最终导致问题的整体最优解。通常先考察问题的一个整体最优解，并证明可修改这个最优解，使其从贪心选择开始。做出贪心选择后，原问题简化为规模较小的类似子问题，然后用数学归纳法证明，通过每一步的贪心选择，最终可得到问题的整体最优解。

贪心算法的优点在于其计算效率高、实现简单、易于理解和应用。对于某些问题，贪心算法能够快速地得到局部最优解，并且经常能够得到全局最优解。

然而，贪心算法也有其局限性。由于贪心算法采取每一步的最优选择，所以其结果不一定是全局最优解。此外，对于某些问题，贪心算法可能无法得到正确的解或者证明其正确性。因此，在使用贪心算法时，需要考虑问题的特点和局限性，进行合理的选择和应用。

4.1.2　贪心算法的求解过程

贪心算法通常用来求解最优化问题，从某个初始状态出发，根据当前的局部最优策略，以满足约束方程为条件，以使目标函数增长最快（或最慢）为准则，在候选集合中进行一系列选择，以便尽快构成问题的可行解。一般来说，用贪心算法求解问题应该考虑如下几个方面。

（1）候选集合 C。为了构造问题的解决方案，有一个候选集合 C 作为问题的可能解，即问题的最终解均取自候选集合 C。例如，在付款问题中，各种面值的货币构成候选集合。

（2）解集合 S。随着贪心选择的进行，解集合 S 不断扩展，直到构成一个满足问题的完整解。例如，在付款问题中，已付出的货币构成解集合。

（3）解决函数 solution。检查解集合 S 是否构成问题的完整解。例如，在付款问题中，解决函数是已付出的货币金额恰好等于应付款。

（4）选择函数 select，即贪心策略。这是贪心算法的关键，它指出哪个候选对象最有希望构成问题的解，选择函数通常和目标函数有关。例如，在付款问题中，贪心策略就是在候选集合中选择面值最大的货币。

（5）可行函数 feasible。检查解集合中加入一个候选对象是否可行，即解集合扩展后是否满足约束条件。例如，在付款问题中，可行函数是每一步选择的货币和已付出的货币相加不超过应付款。

开始时解集合 S 为空，然后使用选择函数 select 按照某种贪心策略，从候选集合 C 中选择一个元素 x，用可行函数 feasible 去判断解集合 S 中加入 x 后是否可行，如果可行，把 x 合并到解集合 S 中，并把它从候选集合 C 中删去；否则，丢弃 x，从候选集合 C 中根据贪心策略再选择一个元素，重复上述过程，直到找到一个满足解决函数 solution 的完整解。贪心算法的一般过程如下。

```
Greedy(C) //C 是问题的输入集合,即候选集合
{
S = {}; //初始解集合为空集
While(not solution(S)) //集合 S 没有构成问题的一个解
{
x = select(C); //在候选集合 C 中做贪心选择
if feasible(S,x) //判断集合 S 中加入 x 后的解是否可行
S = S + {x};
C = C - {x}; //不管是否可行,都要从候选集合 C 中删去 x
}
return S;
}
```

贪心算法是在少量计算的基础上做出贪心选择而不急于考虑以后的情况，这样逐步扩充解，每一步均建立在局部最优解的基础上，而每一步又都扩大了部分解。因为每一步所做出的选择仅基于少量的信息，所以贪心算法的效率通常很高。设计贪心算法的困难在于证明得到的解确实是问题的整体最优解。

4.1.3　适合用贪心算法求解的问题

贪心算法通常用来解决具有最大值或最小值的优化问题。它是从某个初始状态出发，根据当前局部而非全局的最优决策，以满足约束方程为条件，以使目标函数的值增加最快或最慢为准则，选择一个最快达到要求的输入元素，以便尽快地构成问题的可行解。

最优化问题：有 n 个输入，而它的解就由这 n 个输入的满足某些事先给定的约束条件的某个子集组成，而把满足约束条件的子集称为该问题的可行解。显然，可行解一般来说是不唯一的，为了衡量可行解的好坏，问题还给出某个值函数，称为目标函数，使目标函数取极值（极大或极小）的可行解，称为最优解。

最优化问题的解可表示成一个 n 元组 $X = (x_1, x_2, \cdots, x_n)$，其中每个分量取自某个值集 S，所有允许的 n 元组组成一个候选解集。

贪心算法是通过分步决策的方法来解决问题的。贪心算法在求解问题的每一步上做出某种决策，产生 n 元组的一个分量，贪心算法要求根据题意，选定一种最优量度标准，作为选择当前分量的依据，贪心算法在每一步上用作决策依据的选择准则被称为最优量度标准（贪心准则，也称为贪心选择性质）。

4.2 贪心算法的经典例题

4.2.1 零钱兑换问题

1. 问题描述

零钱兑换问题是指，给定一定面额的硬币和一个总金额，找到最少数量的硬币，使它们的总金额恰好等于给定的总金额。例如，给定面额为 [1, 2, 5] 的 3 种硬币和总金额 11，需要找到数量最少的硬币，使它们的总金额恰好为 11。

2. 问题分析

零钱兑换问题可以采用贪心算法解决。贪心策略是，每次选择面额最大的硬币进行兑换，直到兑换完成。

具体来说，本例的贪心算法可以按照以下步骤实现。

步骤 1：将硬币按面额从大到小排序。

步骤 2：从面额最大的硬币开始，依次尝试使用该硬币进行兑换。

步骤 3：如果该硬币可以使用，则将其数量加入兑换方案，将总金额减去相应的面额。

步骤 4：如果该硬币不能使用，则尝试使用面额次大的硬币进行兑换。

在实现贪心算法时，需要注意以下几点。

（1）硬币面额需要按照从大到小的规则排序。

（2）在尝试使用硬币进行兑换时，需要判断总金额是否小于当前硬币的面额。

（3）如果总金额已经减为 0，则兑换完成。

（4）如果无法使用已有的硬币进行兑换，则无解。

3. 代码实现

```
int coinChange(vector < int > & coins, int amount) {
    int cnt = 0;
    sort(coins.rbegin(), coins.rend()); //从大到小排序
    for (int i = 0; i < coins.size(); i ++) {
        while (amount >= coins[i]) {
            amount -= coins[i];
            cnt ++;
        }
        if (amount == 0) break;
    }
    return amount == 0 ? cnt : -1; //如果总金额为0,返回硬币数量,否则返回-1,表示无解
}
```

```
int main() {
    vector < int > coins = {1, 2, 5};
    int amount = 11;
    int cnt = coinChange(coins, amount);
    cout << "最少需要" << cnt << "枚硬币" << endl;
    return 0;
}
```

4. 算法分析

零钱兑换问题的贪心算法的时间复杂度为 $O(n\log n)$，其中 n 为硬币面额数量。排序需要 $O(n\log n)$ 的时间复杂度，而兑换的过程中，每个硬币最多使用一次，因此时间复杂度为 $O(n)$。因此，总的时间复杂度为 $O(n\log n + n) = O(n\log n)$。

贪心算法在解决零钱兑换问题时，具有以下优势和局限性。

1）优势

（1）实现简单，易于理解和实现。

（2）执行效率高，时间复杂度较低。

（3）结果通常较优，可以得到近似最优解。

2）局限性

（1）需要满足贪心策略，即每次选择局部最优解，从而得到全局最优解。但是，并非所有问题都可以采用贪心策略得到全局最优解。

（2）得到的结果不一定是唯一的。

（3）在一些情况下，得到的结果可能并不是最优解，可能需要采用其他算法来得到更优的解。

4.2.2　会议安排问题

1. 问题描述

假设有 n 场会议 a_1，a_2，$\cdots$，a_n 申请使用同一资源。每场会议 $a_i(1 \leqslant i \leqslant n)$ 有一个开始时间 s_i 和结束时间 $f_i(0 \leqslant s_i < f_i < \infty)$，因此，一旦 a_i 被选中，那么 a_i 这场会议必须在时间区间 $[s_i, f_i)$ 里独占资源。假定资源从时间 $t = 0$ 开始安排会议，任何时间只允许最多一场会议在进行。选中的会议必须是两两相容的，即会议时间不相交。会议安排问题就是要求从这 n 场会议中选出一个两两相容的最大子集。

2. 问题分析

用贪心算法求解会议安排问题的关键是设计贪心策略，在依照该策略的前提下按照一定的顺序选择相容会议，以便安排尽量多的会议。根据给定的会议开始时间和结束时间，至少有 3 种看似合理的贪心策略可供选择。

（1）每次从剩下未安排的会议中选择具有最早开始时间且不会与已安排的会议重叠的会议来安排。这样可以提高资源的利用率。

（2）每次从剩下未安排的会议中选择使用时间最短且不会与已安排的会议重叠的会议来安排。这样看似可以安排更多会议。

（3）每次从剩下未安排的会议中选择具有最早结束时间且不会与已安排的会议重叠的会议来安排。这样可以使下一场会议尽早开始。

到底选用哪一种贪心策略呢？选择贪心策略（1），如果选择的会议开始时间最早，但使用时间无限长，这样只能安排 1 场会议来使用资源；选择贪心策略（2），如果选择的会议的开始时间最晚，那么也只能安排 1 场会议来使用资源；由贪心策略（1）和贪心策略（3），容易想到一种更好的策略：选择开始时间最早且使用时间最短的会议。根据"会议结束时间 − 会议开始时间 + 使用资源时间"可知，该贪心策略便是贪心策略（3）。直观上，按这种贪心策略选择相容会议可以给未安排的会议留下尽可能多的时间。也就是说，该贪心算法的贪心选择的意义是使剩余的可安排时间段极大化，以便安排尽可能多的相容会议。

根据问题描述和所选用的贪心策略，会议安排问题的 GreedySelector 算法设计思路如下。

（1）初始化。将 n 个会议的开始时间存储在数组 S 中；将 n 个会议的结束时间存储在数组 F 中且按照结束时间的非减序排列：$f_1 \leqslant f_2 \leqslant \cdots \leqslant f_n$，数组 S 需要做相应调整；采用集合 A 来存储问题的解，即所选择的会议集合，会议 i 如果在集合 A 中，当且仅当 $A[i] = \text{true}$。

（2）根据贪心策略，算法 GreedySelector 首先选择会议 1，即令 $A[1] = \text{true}$。

（3）依次扫描每一场会议，如果会议 i 的开始时间 s_i 不小于最后一个选入集合 A 中的会议的结束时间，即会议 i 与集合 A 中的会议相容，则将会议 i 加入集合 A；否则，放弃会议 i，继续检查下一场会议与集合 A 中会议的相容性。

设会议 i 的起始时间 s_i 和结束时间 f_i 的数据类型为自定义结构体类型 struct time，则 GreedySelector 算法描述如下。

```
void GreedySelector(int n,struct time S[ ],struct time F[ ],bool A[ ])
{
  //F 中元素按非减序排列,S 中对应元素做相应调整;
  int i,j;
  A[1] = true;      //初始化选择会议的集合 A,即只包含会议 1
  j = i;i = 2;       //从会议 i 开始寻找与会议 j 相容的会议
  while(i <= n)
    if(S[i] >= F[j])
      {A[i]:true;j = i}
      else A[i] = false;
    }
```

前面已经介绍过，使用贪心法并不能保证最终的解就是最优解。但对于会议安排问题，贪心算法 GreedySelector 却总能求得问题的最优解，即它最终确定的相容活动集合 A 的规模最大。

贪心算法的正确性证明需要从贪心选择性质和最优子结构性质两方面进行。因此，证明 GreedySelector 算法的正确性只需要证明会议安排问题具有贪心选择性质和最优子结构性质。下面采用数学归纳法来对该算法的正确性进行证明。

（1）贪心选择性质。

证明贪心选择性质即证明会议安排问题存在一个以贪心选择开始的最优解。设 $C = \{1,$

$2, \cdots, n$ 是所给的会议集合。由于 C 中的会议是按结束时间的非减序排列的，故会议 1 具有最早结束时间。因此，该问题的最优解首先选择会议 1。

设 C^* 是所给的会议安排问题的一个最优解，且 C^* 中的会议也按结束时间的非减序排列，则设 $C' = C^* - \{k\} \cup \{1\} (k > 1)$。由于 $f_1 \leq f_k$，且 $C^* - \{k\}$ 中的会议是互为相容的且它们的开始时间均大于等于 f_k，故 $C^* - \{k\}$ 中的会议的开始时间一定大于等于 f_1，进而 C' 中的会议也是互为相容的。又由于 C' 中的会议个数与 C^* 中的会议个数相同且 C^* 是最优的，故 C' 也是最优的，即 C' 是一个以贪心选择（活动 1）开始的最优会议安排。由此证明了总存在一个以贪心选择开始的最优会议安排方案。

（2）最优子结构性质。

进一步，在做了贪心选择，即选择了会议 1 后，原问题就简化为对 C 中所有与会议 1 相容的会议进行会议安排的子问题，即若 A 是原问题的一个最优解，则 $A' = A - \{1\}$ 是会议安排问题 $C_1 = \{i \in C \mid s_i \geq f_1\}$ 的一个最优解。

证明（反证法）：假设 A' 不是会议安排问题 C_1 的一个最优解。设 A_1 是会议安排问题 C_1 的一个最优解，那么 $|A_1| > |A'|$。令 $A_2 = A_1 \cup \{1\}$，由于 A_1 中的会议的开始时间均大于等于 f_1，故 A_2 是会议安排问题 C 的一个解。又因为 $|A_2 = A_1 \cup \{1\}| > |A' \cup \{1\} = A|$，所以 A 不是会议安排问题 C 的最优解。这与 A 是原问题的最优解矛盾，因此 A' 是会议安排问题 C 的一个最优解。

假设有 11 个待安排的会议，按照结束时间从小到大排序，见表 4 - 2。

表 4 - 2 待安排的会议

第 i 个活动	1	2	3	4	5	6	7	8	9	10
arr[i]. start	1	3	0	5	3	5	6	8	8	2
arr[i]. end	4	5	6	7	8	9	10	11	12	13

上述实例的实现代码如下。

3. 代码实现

```
#include <iostream>
#include <algorithm>
using namespace std;
//定义会议结构体
struct Activity {
    int start, end;
};
//比较函数,用于将会议按照结束时间从小到大排序
bool cmp(Activity a, Activity b) {
    return a.end < b.end;
}
//会议选择函数
int activitySelection(Activity arr[], int n) {
    sort(arr, arr + n, cmp); //按照结束时间从小到大排序
    int cnt = 1, lastEnd = arr[0].end;
```

```
        for (int i = 1; i < n; i ++) {
            if (arr[i].start >= lastEnd) {
                cnt ++;
                lastEnd = arr[i].end;
            }
        }
        return cnt;
    }
int main() {
    Activity arr[] = {{1, 4}, {3, 5}, {0, 6}, {5, 7}, {3, 8}, {5, 9}, {6, 10}, {8,
11}, {8, 12}, {2, 13}, {12, 14}};
    int n = sizeof(arr) /sizeof(arr[0]);
    int cnt = activitySelection(arr, n);
    cout << cnt << endl; //输出最多可选的会议数量
    return 0;
}
```

4. 算法分析

该算法的时间复杂度为 $O(n\log n)$，其中 n 为活动的数量。由于算法中需要对所有会议按照结束时间进行排序，所以排序的时间复杂度为 $O(n\log n)$。对于剩余的步骤，由于每个会议最多只会被处理一次，所以其时间复杂度为 $O(n)$。因此，总的时间复杂度为 $O(n\log n)$。

此外，由于该贪心策略是选择结束时间最早的会议，所以可能存在选择不完全最优解的情况。例如，在下面这组会议中：{{0,3},{1,4},{3,5},{4,6},{5,7},{6,8},{8,10},{9,11},{11,13}}，使用该贪心策略得到的最优解为 4，如图 4 - 1 所示。

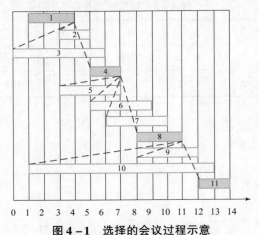

图 4 - 1　选择的会议过程示意

4.2.3　最小生成树问题

1. 问题描述

最小生成树问题是指，在一个加权无向图中，找到一棵生成树，使该生成树的所有边权值之和最小。生成树是指图中的一颗包含所有节点且没有环的子图。最小生成树问题是一个经典的优化问题，具有广泛的应用，例如网络设计、电路设计等。

设图 $G = (V, E)$ 是一个无向连通图，如果图 G 生成的子图 $G_1 = (V, E_1)$ 是一棵树，那

么就说 G_1 是 G 的一棵生成树。一个无向连通图的生成树不一定是唯一的，图 4 - 2 所示就是一个无向连通图以及它的 3 棵生成树。根据生成树的定义可以知道，生成树 G_1 包含图 G 中所有顶点且连通并具有最少的边数。不仅如此，任一具有 n 个节点的连通图都必须至少有 $n-1$ 条边，由此可见所有具有 $n-1$ 条边的 n 个节点的连通图也都是树。

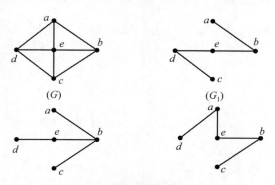

(G)　　　　　　(G₁)

图 4 - 2　无向连通图及其生成树

当然，在解决实际问题时，会根据实际情况给每条边设置一个权值，设为 $w(u,v)$，其中 u，v 分别是图中的两个顶点。那么，图 G 就是一个无向连通带权图，即一个网络。同时生成树上各边权值的总和就叫作该生成树的耗费。顾名思义，最小生成树就是图 G 的所有生成树中耗费最小的生成树。

最小生成树在实际生活中的应用十分广泛。例如要设计多个城市之间的交通网络，首先就可以将其用图表示，图的一个顶点就代表一座城市，图的一条边 (u,v) 就代表从城市 u 到城市 v 的一条通路，这条边的权值就是建设这条通路所需要的花费。那么这个图的最小生成树就是成本最低的设计方案。还有城市间的通信线路等实际问题，都可以用最小生成树来解决。

利用贪心算法构造最小生成树应当逐条边进行。最直观的选择下一条边的方法就是选择目前为止所有加入的边的成本增量最小的那条边。常用的算法有两种：Prim 算法和 Kruskal 算法。

2. 问题分析

1）Prim 算法

使用 Prim 算法构造最小生成树的过程可以简单地描述如下：选择一条边 e，使得到目前为止所选择的边的集合 X 构成一棵树，e 是现在不在 X 中但选入后使 X 仍是一棵树的权值最小的边。Prim 算法的具体思路如下。首先在图 G 的所有边中选择一条权值最小的边，将其加入生成树，从这里开始，要逐条边地加入这棵生成树。要加入生成树的下一条边应该满足如下条件：设这条边是 (u,v)，那么顶点 u 应当是已经加入这棵生成树的一个节点，而顶点 v 还没有加入这棵生成树；同时，设这条边的权值是 $w(u,v)$，那么 $w(u,v)$ 是满足上述条件的所有边中权值最小的。

为了有效地找出符合要求的下一条边，首先要设置两个数组 closev 和 lowcost。对于未加入 X 的顶点 i，closev[i] 是顶点 i 在 X 中的一个邻接顶点，并且与其他邻接顶点 k 相比较

有 $w(i,\text{closev}[i])\leqslant w(i,k)$。同时，lowcost$[i]$ 就是 $w(i,\text{closev}[i])$ 的值。因此，Prim 算法的具体描述如下。

```
Prim(int n,Elemtype * *w)
        X[1]←TRUE;                      //将顶点1加入生成树
        for i←2 to n        //初始化
            do{
                lowcost[i]←w[1][i]; //求各顶点i到顶点1的权值,并记为lowcost[i]
                closev[i]←1;            //将各顶点i的closev[i]值初始化为1
                X[i]←false;             //其他顶点暂时不加入生成树
            }
        for i←1 to n
            do{
                min←inf;                //inf用图中各边的权值中最大的一个值赋值
                j←1;
                for int k←2 to n
                    do if loweost[k]<min and FALSE=X[k]
                            then{  //在未加入生成树的节点中寻找lowcost最小的顶点
                                    min←lowcost[k];
                                    j←k;
                                }
                print(j,closev[j]);     //输出刚刚记入最小生成树的边
                X[j]←true;              //将顶点j加入生成树
                for k←2 to n            //生成树中加入新的顶点后
                    do{                 //改变还没有加入生成树中的各个顶点的closev值
                        if w[j][k]<lowcost[k]and FALSE=X[k]
                            then{
                                    lowcost[k]←w[j][k];
                                    closev[k]←j;
                                }
                    }
            }
```

在该算法的执行过程中，首先将顶点 1 加入 X，然后把与顶点 1 邻接的顶点中能使它们构成的边的权值最小的一个顶点加入 X。继续寻找还未加入 X 的顶点中与 X 中某一顶点构成的边的权值最小的那个顶点，即假设 i 是任意已经加入 X 的顶点，j 是还未加入 X 的顶点，那么所选的 i 和 j 应该是在所有可能的选择中使 $w(i,j)$ 最小的一组顶点。接下来不断地重复这一过程直到选出 $n-1$ 条边为止。

图 4 – 3 所示为用 Prim 算法生成最小生成树的过程。

图 4 – 3 中最小生成树的生成过程如下。首先将顶点 1 加入 X，在与 1 邻接的所有顶点中，顶点 6 与顶点 1 构成的边（1，6）具有最小的权值 10，因此将顶点 6 加入 X。接下来，在顶点 1 和顶点 6 的所有邻接顶点中，可以看出顶点 5 与顶点 6 构成的边（5，6）具有最小的权值 25，因此又将顶点 5 加入 X。然后考虑 X 中顶点 1，5，6 的邻接顶点，发现顶点 4 与顶点 5 构成的边（4，5）具有最小的权值 22，因此将顶点 4 加入 X。不断重复此过程，直至选中了 7 – 1 = 6 条边为止（其中 7 是图中顶点的个数），即构造出了与图对应的最小生成树。

可以很容易地看出 Prim 算法所需的计算时间是 $O(n^2)$。

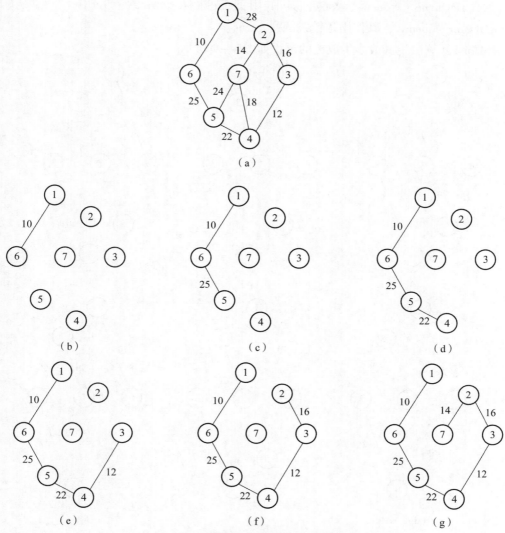

图 4 – 3 用 Prim 算法生成最小生成树的过程

2）Kruskal 算法

Kruskal 算法的基本思路如下。一开始把图 G 的 n 个顶点当成 n 个孤立的连通分量，然后将图 G 的边按照其权值非减序排列。从第一条边开始按照权值的递增顺序依次向后查看每一条边，当查看到第 k 条边 (u, v) 时，如果顶点 u 和顶点 v 处于不同的连通分量，那么就可以连接顶点 u 和顶点 v 所在的连通分量，即边 (u, v) 被选中，将边 (u, v) 加入 T，接着继续查看下一条边。但是如果顶点 u 和顶点 v 已经在同一连通分量中，就不用再考虑这条边，而是直接查看下一条边。如此循环，直到只剩下一个连通分量为止。这剩下的一个连通分量就是图 G 的一棵最小生成树。

为了实现 KrusKal 算法，需要一个队列 queue 来存放边信息，而且将边按照其权值非减序排列。队列 queue 有自己的方法：InitQueue（&queue，E），其作用是初始化队列 queue，使其中的节点按 E 中元素的权值的非减序排列；GetHead（queue，&e），其作用是用 e 返回队头元素; DeQueue (&queue, &e), 其作用是删除队头元素, 并用 e 返回其值; DestroyQueue(&queue), 其作用是销毁队列 queue。

用 Kruskal 算法生成最小生成树的过程如图 4 - 4 所示。

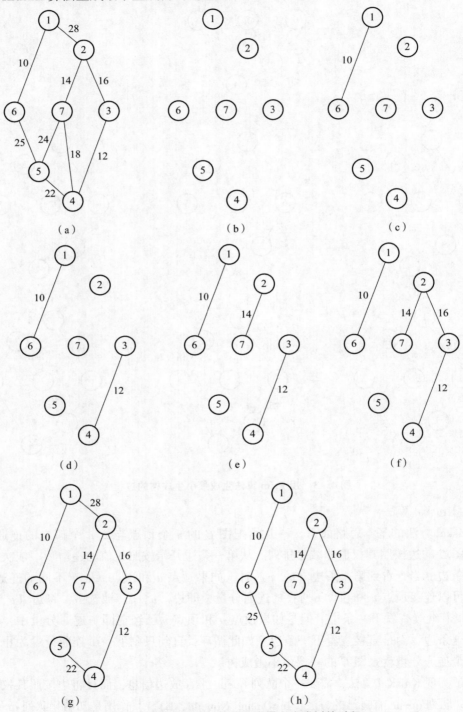

图 4 - 4 用 Kruskal 算法生成最小生成树的过程

图 4-4 中最小生成树的生成过程如下。一开始每个顶点都是一个独立的连通分量。首先选择图中权值最小的边 (1, 6), 并将其加入 T, 这时顶点 1 和顶点 6 就处于同一个连通分量。接下来考虑权值第二小的边 (3, 4), 将其加入 T, 同样这时顶点 3 和顶点 4 也处于同一连通分量。然后, 边 (2, 7) 也被加入 T, 此时图中有 3 个连通分量, 它们包含的顶点分别为 {1, 6}, {3, 4} 和 {2, 7}。接着考虑边 (2, 3), 很明显它们在不同的连通分量中, 因此边 (2, 3) 也可以加入 T。然后是权值为 18 的边 (4, 7), 不难看出顶点 4 和顶点 7 已经在同一个连通分量中, 因此这条边不能加入 T, 只好接着考虑下一条边 (4, 5)。顶点 4 和顶点 5 在不同的连通分量中, 因此边 (4, 5) 可以加入 T。最后考虑边 (5, 6), 顶点 5 和顶点 6 在不同的连通分量中, 因此边 (5, 6) 可以加入 T。此时 T 中有 7-1=6 条边 (其中 7 是图中顶点的个数), 即已经得到图的最小生成树。

由于 Kruskal 算法的具体实现涉及集合的运算, 所以它比较抽象, 不易理解, 为了便于读者理解, 首先对它进行概略表述。初始状态时, 队列 queue 中存储了图 G 中所有边的信息, 而且在初始化队列时将队列中的元素按照边的权值非降序排列。那么首先要找到具有最低成本的边, 并将这条边从队列中删除。接下来考察这条边是否使树中形成环, 如果没有形成环, 那么可以将这条边加入这棵生成树; 如果形成环, 就只能舍弃这条边而继续考虑下一条边。该流程可描述如下。

```
T←φ;
While  加入 T 中的边少于 n-1 条时
    do{
        从 queue 中选取一条权值最小的边(u,v);
        从 queue 中删除边(u,v);
        if 顶点 u 和顶点 v 不在同一个连通分支中;
            then 将边(u,v)加入 T;
        else
            查看下一条边;
    }
```

这个概略描述是比较容易理解的。但在这个算法中, 需要注意, 在考虑下一条边时, 应当能够很简单地判断这条边的两个顶点是否在一个连通分量上, 如果是, 那么这条边就要舍弃, 继续考虑下一条边; 如果不是, 那么这条边就可以加入生成树。此时, 自然而然地就想到把已经在一个连通分量中的顶点放到一个集合中。那么就又要使用与集合相关的运算函数 Find(i) 以及 Union(i,j)。在此基础上, Kruskal 算法的具体描述如下。

```
//构造一个结构来存储每条边的相关信息。
struct E
    {
        Elemtype w;          //边的权值
        int u,v;             //边的两个顶点
    };
/* n 是图中顶点的数目, e 是图中边的条数, 数组 E[ ] 中存储每条边的相关信息, T[ ] 存储已加入的
边。这里还设 Parent[i] 都已经初始化为 -1, 即每个节点一开始都不在同一个集合中。 */
Kruskal(int n,int e,E E[ ],E T[ ])
```

```
InitQueue(&queue,E);//初始化队列,使其中的节点按 E 中元素非减序排列
k←0;
while e and k <= n - 1
  do{
    DeQueue(&queue,&x);      //删除队列 queue 的队头元素并用 x 返回其值
    e←e - 1;
    y←Find(x.u);         //寻找表示这条边的两个顶点所在连通分量的集合的树的根节点
    z←Find(x.v);
    if z≠y              //这条边的两个顶点不在一个连通分量中
        then{
            T[k ++]←x;    //将这条边加入生成树
            Union(y,z);    //将这两个连通分量连接成一个
            }
    }
DestroyQueue(&queue);        //销毁队列 queue
return(k = n - 1);          //返回一个布尔值,表明是否得到最小生成树
```

在此代码中,无向带权图有 e 条边,将它们按权值的非减序组成队列需要时间$O(e)$,而循环中 DeQueue(&queue,&e)所需要的时间是 $O(\log e)$,而 Find(i)和 Union(i,j)算法所需要的时间几乎都是线性的。因此,Kruskal 算法所需的时间是 $O(e^{\log e})$。

根据 Kruskal 算法还可以得到以下引理。

引理:如果 T 是无向连通图 G 的一棵生成树,那么对于任意一条边 e,如果 e 属于图 G 而不属于树 T,则:①如果将 e 加入树 T,则 T 中生成唯一一个环;②生成环后,如果去掉这个环中的任意一条边,那么剩余的边仍然构成 G 的一棵生成树。

下面证明 Kruskal 算法对于任何一个无向连通图 G 都能够产生一棵最小生成树。

证明:设有一个无向连通图 G,用 Kruskal 算法产生了 G 的一棵生成树 T,同时设 T_1 是 G 的一棵最小生成树。那么,只要证明 T 和 T_1 具有相同的耗费,就证明了生成树 T 也是图 G 的一棵最小生成树。

$E(T)$ 是生成树 T 的边集,$E(T_1)$ 是生成树 T_1 的边集。设图 G 中总共有 n 个顶点,则可知生成树 T 和 T_1 都有 $n - 1$ 条边。

如果 $E(T) = E(T_1)$,那么很显然 T 已经是最小生成树。

如果 $E(T) \neq E(T_1)$,那么必然存在这样一条边 e,e 是满足 $e \in E(T)$,同时 $e \notin E(T_1)$ 的具有最小权值的边。由引理可知,如果把 e 加入生成树 T_1,则构成图 G_1,在 G_1 中就会产生一个唯一的环。可以设这个环包含的边为 e,e_1,e_2,$\cdots$,e_k,用 e_i 表示其中任一条边,其中 $1 \leqslant i \leqslant k$。可知 e_i 中至少有一条边不属于 $E(T)$,因为如果不是这样,生成树 T 也应该包含环 e,e_1,e_2,$\cdots$,e_k,这显然是不可能的。设 e_j 也是这个环中的一条边,并且就是不属于 $E(T)$ 的那条边,则可以推出 e_j 的权值不小于 e 的权值,因为如果 e_j 的权值小于 e 的权值,Kruskal 算法会在将 e 加入 T 之前将 e_j 加入 T。接下来,考虑图 G_1。如果去掉 G_1 中环 e,e_1,e_2,$\cdots$,e_k 上的任一条边,则产生一棵新树 T_2。尤其当删去边 e_j 时,产生的新树 T_2 的耗费并不比 T_1 的耗费大,所以 T_2 也是一棵最小生成树。

重复上述过程，可将树 T_1 转换成 T 而且不增加任何耗费。因此，生成树 T 也是图 G 的最小生成树，证毕。

4.2.4 单源最短路径问题

1. 问题描述

给定一个带权有向图 $G = (V, E)$，其中每条边的权是非负实数，另外，还给定 V 中的一个顶点作为源点。现在要计算源点到其他各顶点的最短路径长度。这里路径长度是指路径上各边的权之和。这个问题通常称为单源最短路径问题。

例如，现有一张县城的城镇地图，图中的顶点为城镇，边代表两个城镇间的连通关系，边上的权为公路造价，县城所在的城镇为 v_0。由于该县城的经济比较落后，所以公路建设只能从县城开始规划。规划的要求是所有可达县城的城镇必须建设一条通往县城的汽车线路，该线路工程的总造价必须最小。

2. 问题分析

Dijkstra 提出一种按路径长度递增顺序产生各顶点最短路径的贪心算法。Dijkstra 算法描述如下：输入的带权有向图是 $G = (V, E)$，$V = \{v_0, v_1, v_2, \cdots, v_n\}$，顶点 v_0 是源点；E 为图中边的集合；$\mathrm{cost}[i, j]$ 为顶点 i 和 j 之间边的权值，当 $(i, j) \notin E$ 时，$\mathrm{cost}[i, j]$ 的值为无穷大；$\mathrm{distance}[i]$ 表示当前从源点到顶点 i 的最短路径长度。

Dijkstra 算法步骤如下。

（1）初始时，S 中仅含有源点（把 V 分为 S 和 $V - S$）。设 u 是 V 的某个顶点，把从源点到 u 且中间只经过 S 中顶点的路称为从源点到 u 的特殊路径，并用数组 distance 记录当前每个顶点所对应的最短特殊路径长度。

（2）每次从集合 $V - S$ 中选取到源点 v_0 路径长度最短的顶点 w 加入集合 S，集合 S 中每加入一个新顶点 w，都要修改顶点 v_0 到集合 $V - S$ 中剩余顶点的最短路径长度值，集合 $V - S$ 中各顶点新的最短路径长度值为原来最短路径长度值与顶点 w 的最短路径长度加上 w 到该顶点的路径长度值中的较小值。

（3）直到 S 包含了 V 中所有顶点，此时，distance 就记录了从源点到所有其他顶点之间的最短路径长度。

贪心策略：设置两个顶点集合 $V - S$ 和 S，集合 S 中存放已经找到最短路径的顶点，集合 $V - S$ 中存放当前还未找到最短路径的顶点。设置顶点集合 S 并不断地作贪心选择来扩充这个集合。一个顶点属于集合 S 当且仅当从源到该顶点的最短路径长度已知。

【例 4.1】对于图 4-5 所示的带权有向图，应用 Dijkstra 算法计算从源点 0 到其他顶点的最短路径。

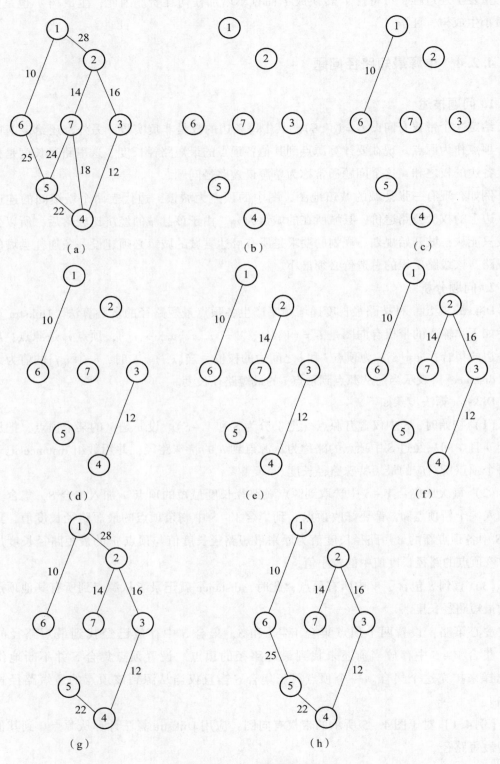

图 4-5 一个带权有向图

Dijkstra 算法的迭代过程见表 4 – 3 所示。

表 4 – 3　Dijkstra 算法的迭代过程

迭代	S	w	distance［1］	distance［2］	distance［3］	distance［4］
初始	{0}	—	10	∞	30	100
1	{0，1}	1	10	60	30	100
2	{0，1，3}	3	10	50	30	90
3	{0，1，3，2}	2	10	50	30	60
4	{0，1，3，2，4}	4	10	50	30	60

　　上述 Dijkstra 算法只计算了从源点到其他顶点的最短路径长度，如果还要求相应的最短路径，可以用算法中数组 prev［i］记录的信息找出相应的最短路径。算法中数组 prev［i］记录的是从源点到顶点 i 最短路径上的前一顶点。初始时，对所有 $i\neq0$，置 prev［i］= u。在 Dijkstra 算法中更新最短路径长度时，只要 distance［u］+ cost［u］［j］< distance［j］，就置 prev［i］= u。当 Dijkstra 算法终止时，就可以通过 prev［i］找到源点到顶点 i 的最短路径上每个顶点的前一个顶点，从而找到从源点到顶点 i 的最短路径。

　　对于图 4 – 5 所示的带权有向图，经 Dijkstra 算法计算后得到数组 prev［i］具有的值为 0，0，3，0，2，如果要找出顶点 0 到顶点 4 的最短路径，可以从数组 prev［i］得到顶点 4 的前一顶点 2、顶点 2 的前一顶点 3、顶点 3 的前一顶点 0，再反向输出顶点 0 到顶点 4 的最短路径是 0→3→2→4。

　　Dijkstra 算法是应用贪心算法的又一个典型例子。它所做的贪心选择是从集合 $V - S$ 中选择具有最短特殊路径的顶点 u，从而确定从源点到顶点 u 的最短路径长度 distance［u］。这种贪心选择为什么会导致最优解呢？换句话说，为什么从源点到顶点 u 没有更多的其他路径呢？

　　事实上，如果存在一条从源点到 u 且长度比 distance［u］更短的路径，可设这条路径初次走出 S 之外到达的顶点为 $x\in V - S$，然后徘徊于 S 内外若干次，最后离开 S 到达顶点 u，如图 4 – 6 所示。

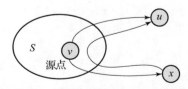

图 4 – 6　从源点到顶点 u 的最短路径

　　在这条路径上，分别记 cost(v,x)、cost(x,u) 和 cost(v,u) 为顶点 v 到顶点 x、顶点 x 到顶点 u、顶点 v 到顶点 u 的路径长度，那么 distance［x］≤cost(v,v)，cost(v,x) + cost(x,u) = cost(v,u) < distance［u］。利用边权的非负性，可知 cost(x,u)≥0，从而推出 distance［x］< distance［u］。这说明 $x\in V - S$ 是具有最短特殊路径的顶点，产生矛盾。这就证明了

distance[u]是从源点到顶点 u 的最短路径长度。

Dijkstra 算法中确定的 distance[u]确实是源点到顶点 u 的最短特殊路径长度。为此，只要考察 Dijkstra 算法在添加 u 到 S 中后 distance[u]的值所引起的变化。当添加 u 之后，可能出现一条到顶点 i 的特殊新路径。

第一种情况：从 u 直接到达 i，如果 cost[u][i] + distance[u] < distance[i]，则 cost[u][j] + distance[u]作为 distance[i]的新值。

第二种情况：从 u 不直接到达 i，如图 4 – 7 所示。回到 S 中的某个顶点 x，最后到达 i。当前 distance[i]的值小于从源点经 u 和 x，最后到达 i 的路径长度。因此，不考虑此路径。由此，不论 distance[u]的值是否有变化，它总是关于当前顶点集 S 到顶点 u 的最短特殊路径长度。

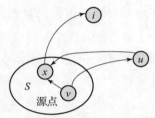

图 4 – 7　非最短的特殊路径

3. 算法描述

用贪心算法求解单源最短路径问题。

```
/*
    功能:求给定顶点到其余各顶点的最短路径。
    输入:邻接矩阵 cost[ ][ ]、顶点数 n、源点 v0、结果数组 distance[ ]、路径前一点记录 pre
        [ ]
*/
void Dijkstra(int cost[ ][ ],int n,int v0,int distance[ ],int prey[ ])
{
    int * s = new int[n];
    int mindis,dis;
    int i,j,u;
    /*初始化*/
    for(i = 0;i < n;i ++ )
    {
        distance[i] = cost[v0][i];
        s[i] = 0;
        if(distance[i] == MAX)
        prev[i] = -1;
        else
        prey[i] = v0;
    }
    distance[v0] = 0;
    s[v0] = 1;                      /*标记 v0 */
    /*在当前还未找到最短路径的顶点中,寻找具有最小距离的顶点*/
    for(i = 1;i < n;i ++ )          /*每循环一次,求得一个最短路径*/
    {
```

```
mindis = MAX;
u = v0;
for(j = 0;j < n;j ++)            /* 求离源点最近的顶点 */
if(s[j] == 0&&distance[j] < mindis)
{
  mindis = distance[j];
  u = j;
}
s[u] = 1;
for(j = 0;j < n;j ++)            /* 修改递增路径序列(集合) */
if(s[j] == 0&&cost[u][j] < MAX)
{  /* 对还未求得最短路径的顶点求出由最近的顶点直达各顶点的距离 */
  dis = distance[u] + cost[u][j];
  /* 如果新的路径更短,就用它替换原路径 */
  if(distance[j] > dis)
  {
      Distance[j] = dis;
      prey[j] = u;
  }
}
}
}
```

复杂度分析：对于一个具有 n 个顶点和 e 条边的带权有向图，如果用带权邻接矩阵表示这个图，那么 Dijkstra 算法的主循环体需要 $O(n)$ 的时间。这个循环需要执行 $n-1$ 次，所以完成循环需要 $O(n^2)$ 的时间。

4.2.5　背包问题

1. 问题描述

给定 n 种物品（每种物品仅有 1 件）和 1 个背包。物品 i 的质量是 w_i，其价值为 p_i，背包的容量为 M。选择物品装入背包的方式，使装入背包中的物品的总价值最大（每件物品 i 的装入情况为 x_i，得到的效益是 $p_i \times x_i$）。

背包问题分为以下两类。

（1）部分背包问题。在选择物品时，可以将物品分割为部分装入背包，不一定要求全部装入背包，即 $0 \leqslant x_i \leqslant 1$。

（2）0 - 1 背包问题。和部分背包问题相似，但是在选择物品装入背包的方式时要么不装入背包，要么全装入背包，即 $x_i = 1$ 或 0。

这两类问题都具有最优子结构性质，极为相似，但部分背包问题可以用贪心算法求解，而 0 - 1 背包问题不能用贪心算法求解。

例如，对于部分背包问题，设 $n = 3$，$M = 20$，$w = (18,15,10)$，$p = (25,24,15)$，且物品可分，于是有可行解无数个，其中的 4 个可行解见表 4 - 4。

在这 4 个可行解中，第 4 个可行解的效益值最大，这个可行解是否是背包问题的最优解尚无法确定，但有一点是可以肯定的，即对于一般背包问题，其最优解显然必须装满背包。

表 4 – 4　部分背包问题的 4 个可行解

(x_0, x_1, x_2)	$\sum w_i x_i$	$\sum p_i x_i$
(1/2, 1/3, 1/4)	16. 5	24. 25
(1, 2/15, 0)	20	28. 2
(0, 2/3, 1)	20	31
(0, 1, 1/2)	20	31. 5

（1）选目标函数作为量度标准，即效益优先，每装入一件物品就使背包获得最大可能的效益值增量。

按物品效益从大到小排序为 0，1，2。

解为 $(x_0, x_1, x_2) = (1, 2/15, 0)$。

收益为 $25 + 24 \times 2/15 = 28.2$。

此解非最优解，因为只考虑当前收益最大，而背包可用容量消耗过快。

（2）选质量作为量度，使背包容量尽可能慢地被消耗。

按物品重量从小到大排序为 2，1，0。

解为 $(x_0, x_1, x_2) = (0, 2/3, 1)$。

收益为 $15 + 24 \times 2/3 = 31$。

此解非最优解，原因为虽然背包容量消耗慢，但效益没有很快地增加。

（3）选利润/质量为量度，使每一次装入的物品所占用的每一单位容量获得当前最大的单位效益。

按物品的 p_i/w_i 从大到小排序为 1，2，0。

解为 $(x_0, x_1, x_2) = (0, 1, 1/2)$。

收益为 $24 + 15/2 = 31.5$。

此解为最优解。可见，可以把 p_i/w_i 作为背包问题的最优量度标准。

2. 问题分析

1）贪心选择性质

证明：设物品按其单位价值量 p_i/w_i 由大到小排序，$(x_1, x_2, \cdots, x_n)$ 是部分背包问题的一个最优解。又设 $k = \min\limits_{1 \leqslant i \leqslant n} \{i \,|\, x_i \neq 0\}$。易知，如果给定问题有解，则 $1 \leqslant k \leqslant n$。

当 $k = 1$ 时，$(x_1, x_2, \cdots, x_n)$ 是以贪心算法开始的最优解。

当 $k > 1$ 时，设有一个集合 $(y_1, y_2, \cdots, y_n)$，其中 $y_1 = (p_k/p_1) \times x_k, y_k = 0, y_i = x_i$，$2 \leqslant i \leqslant n, i \neq k$，则

$$\sum_{i=1}^{n} w_i y_i = \sum_{i=1}^{n} w_i x_i - w_k x_k + w_1 \times (p_k/p_1) \times x_k$$

因为 $p_1/w_1 \geqslant p_k/w_k$，所以 $w_k \geqslant (w_1 \times p_k)/p_1$，所以有

$$\sum_{i=1}^{n} w_i y_i = \sum_{i=1}^{n} w_i x_i - w_k x_k + w_1 \times p_k / p_1 \times x_k \leqslant c$$

因此，$(y_1, y_2, \cdots, y_n)$ 是所给部分背包问题的一个可行解。

另外，由 $\sum_{i=1}^{n} p_i x_i = \sum_{i=1}^{n} p_i y_i$ 知，$(y_1, y_2, \cdots, y_n)$ 是一个满足贪心选择性质的最优解。

因此，部分背包问题具有贪心选择性质。

2）最优子结构性质

贪心选择物体 1 之后，问题转化为背包质量为 $M - w_1 \times x_1$，物体集为｛物体 2，物体 3，$\cdots$，物体 n｝的背包问题，且该问题的最优解包含在初始问题的最优解中。

部分背包问题和 0 - 1 背包问题都具有最优子结构性质。对于部分背包问题，类似地，若它的一个最优解包含物品 j，则从该最优解中拿出所含的物品 j 的那部分质量 w，剩余的将是 $n - 1$ 个原重物品 1，2，$\cdots$，$j - 1$，$j + 1$，$\cdots$，n 及质量为 $w_j - w$ 的物品中可装入容量为 $M - w$ 的背包且具有最大价值的物品。对于 0 - 1 背包问题，设 A 是能装入容量为 M 的背包的具有最大价值的物品集合，则 $A_j = A - \{j\}$ 是 $n - 1$ 个物品 1，2，$\cdots$，$j - 1$，$j + 1$，$\cdots$，n 中可装入容量为 $M - w_j$ 的背包的具有最大价值的物品集合。

对于 0 - 1 背包问题，使用贪心算法并不一定能求得最优解，因此，贪心算法不能用来求解 0 - 1 背包问题。

对于 0 - 1 背包问题，贪心算法之所以不能得到最优解，是因为在这种情况下它无法保证最终能将背包装满，部分闲置的背包空间使单位质量背包空间的价值减小了。事实上，在考虑 0 - 1 背包问题时，应比较选择该物品和不选择该物品所导致的最终方案，然后做出最好的选择。由此导出许多互相重叠的子问题。这正是该问题可用动态规划算法求解的另一重要特征。实际上也是如此，动态规划算法的确可以有效地解决 0 - 1 背包问题。

3. 代码实现

```cpp
#include <iostream>
#include <vector>
#include <algorithm>
using namespace std;
//定义一个结构体表示物品
struct Item {
    int weight; //物品质量
    int value; //物品价值
    double ratio; //物品单位质量价值
    Item(int w, int v) : weight(w), value(v) { ratio = (double)v / w; } //构造函数
};
//定义一个函数用于实现背包问题的贪心算法
int knapsack(vector <Item>& items, int W) {
    int n = items.size(); //计算物品个数
    //按照单位质量价值从大到小排序
    sort(items.begin(), items.end(), [](Item& a, Item& b) { return a.ratio >
b.ratio; });
    int res = 0; //记录背包中物品的总价值
```

```
        int weight = 0; //记录背包中物品的总质量
        //依次将单位质量价值大的物品放入背包
        for (int i = 0; i < n && weight < W; i ++) {
            int w = min(W - weight, items[i].weight); //计算当前物品可以放入背包
中的最大质量
            res += w * items[i].ratio; //更新总价值
            weight += w; //更新背包中物品的总质量
        }
        return res;
    }
    int main() {
        int n, W;
        cin >> n >> W; //输入物品个数和背包容量
        vector < Item > items(n);
        //输入每个物品的质量和价值
        for (int i = 0; i < n; i ++) {
            int w, v;
            cin >> w >> v;
            items[i] = Item(w, v);
        }
        int ans = knapsack(items, W); //求解背包问题
        cout << ans << endl; //输出最大总价值
        return 0;
```

4. 算法分析

时间复杂度：贪心算法的时间复杂度主要来自物品排序的时间复杂度，如果使用快速排序，时间复杂度为 $O(n\log n)$。在循环中，只需要遍历每个物品 1 次，因此时间复杂度为 $O(n)$。于是，总的时间复杂度为 $O(n\log n)$。

空间复杂度：需要使用一个数组来保存每个物品的质量、价值和单位质量价值，因此空间复杂度为 $O(n)$。如果使用自底向上的动态规划算法来解决背包问题，则需要使用一个二维数组来保存每个状态的最优解，因此空间复杂度为 $O(nW)$，其中 W 是背包容量。

正确性：根据上述贪心策略，每次选择单位质量价值最大的物品放入背包，因此得到的一定是局部最优解。已经证明，贪心算法得到的最优解一定是全局最优解，因此贪心算法得到的解一定是最优解。

4.2.6　多机调度问题

1. 问题描述

设有 n 个独立的作业 $\{1, 2, \cdots, n\}$，由 m 台相同的机器进行加工处理。作业 i 所需的处理时间为 t_i。现约定，任何作业可以在任何一台机器上加工处理，但未完工前不允许中断处理。任何作业不能拆分成更小的子作业。

多机调度问题要求给出一种作业调度方案，使所给的 n 个作业在尽可能短的时间内由 m 台机器加工处理完成。

这个问题是一个 NP 完全问题，到目前为止还没有有效的解法。对于这一类问题，用

贪心策略有时可以设计出较好的近似算法。

2. 问题分析

采用最长处理时间作业优先的贪心策略可以设计出解决多机调度问题的较好的近似算法。按此策略，当 $n \leq m$ 时，只要将机器 i 的 $[0, t_i]$ 时间区间分配给作业 i 即可。当 $n > m$ 时，首先将 n 个作业依其所需的处理时间从大到小排序，然后依此顺序将作业分配给空闲的机器。

3. 代码实现

```
class JobNode{
    friend void Greedy(JobNode * ,int,int);
    friend void main(void);
    public:
    operator int()const{return time;}
    private:
    int ID,time;
};
class MachineNode{
friend VOid Greedy(JobNode * ,int,int);
public:
operator int()const{return avail;}
private:
int ID,avail;
};
template<class Type>
VOid Greedy(Type a[ ],int n,int m)
{   if(n< -m){
cout << "为每个作业分配一台机器" <<endl;
retUrn 0
}
Sort(a,n);
MinHeap<MachineNode>H(m);
MachineNode x:
for(int i =1;i <=m;i ++){
x.avail = 0:
x.ID = i:
H.Insert(x);
}
for(int i -n;i > -1;i --){
H.DeleteMin(x);
cout << "将机器" <<X.ID << "从" <<X.avail << "到"
 <<(X.avail +a[i].time) << "的时间段分配给作业" <<a[i].ID <<endl;
x.avail += a[i].time;
H.Insert(x);
  }
}
```

4. 算法分析

例如，设 7 个独立作业 {1，2，3，4，5，6，7} 由 3 台机器 M1，M2 和 M3 来加工处理。各作业所需的处理时间分别为 {2，14，4，16，6，5，3}。按算法 Greedy 产生的作业调度如图 4 – 8 所示，所需的加工时间为 17。

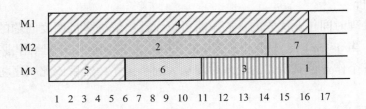

图 4 – 8　多机调度示例

当 $n \leqslant m$ 时，算法 Greedy 需要 $O(1)$ 时间。当 $n > m$ 时，排序耗时 $O(n\log n)$。初始化堆需要 $O(m)$ 时间。关于堆的 DeleteMin 和 Insert 函数运算共耗时 $O(n\log m)$。因此，算法 Greedy 所需的运算时间为

$$O(n\log n + n\log m) = O(n\log n)$$

4.3　贪心算法的时间和空间复杂度分析

4.3.1　时间复杂度分析

贪心算法的时间复杂度通常是线性或者线性对数级别，具体取决于问题的规模和贪心策略的复杂度。例如，对于选择排序问题，时间复杂度为 $O(n\log n)$，其中 n 是待排序序列的长度；而对于零钱兑换问题，时间复杂度为 $O(m)$，其中 m 是硬币数量。

需要注意的是，贪心算法并不保证得到最优解，因此在实际应用中需要进行必要的分析和验证，以确保得到的解符合要求。

4.3.2　空间复杂度分析

贪心算法通常只需要保存部分局部信息，因此空间复杂度较低。在实际应用中，贪心算法的空间复杂度通常是 $O(1)$ 或者 $O(n)$，其中 n 是问题的规模。

4.3.3　贪心算法的优化方法

贪心算法通常可以通过以下方法进行优化。

（1）改变贪心策略：不同的贪心策略会导致不同的解，可以尝试不同的贪心策略，并比较得到的解的优劣。

（2）局部搜索：通过局部搜索等方法来扩大贪心策略的范围，以找到更优的解。

（3）随机化：引入随机因素，使贪心算法更具有随机性，可以得到更多解，并提高算法的鲁棒性。

4.4　本章小结

贪心算法是一种解决优化问题的常用算法，它通常适用于一些具有贪心选择性质的问题，即在每一步都采取当前状态下的最优选择，从而得到全局最优解。贪心算法的应用前景非常广泛，与其他算法相比，贪心算法具有以下优点。

（1）简单易懂，易于实现和调试。

（2）时间复杂度较低，适用于大规模数据处理。

（3）可以通过不同的贪心策略来适应不同的问题，具有较高的灵活性。

与其他算法相比，贪心算法的缺点是无法保证得到全局最优解，可能得到全局次优解或者局部最优解。

4.5　习题

1. 给定一个数组，其每个元素代表一条线段的长度，设计一个算法来找到可以组成的面积最大的矩形的面积。分析算法的时间复杂度为 $O(n)$。

2. 给定一个数组，其每个元素代表一个任务的开始时间和结束时间，设计一个算法来找到可以完成的最多任务数量。分析算法的时间复杂度为 $O(n\log n)$。

3. 圣诞节来了，在城市 A 中圣诞老人准备分发糖果。现在有多箱不同的糖果，每箱糖果有自己的价值和质量，每箱糖果都可以拆分成任意散装组合带走。圣诞老人的驯鹿最多只能承受一定质量的糖果，请问圣诞老人最多能带走多大价值的糖果？

输入的第一行由两个部分组成，分别为糖果箱数［正整数 $n(1\leqslant n\leqslant 100)$］、驯鹿能承受的最大质量［正整数 $w(0<w<10\,000)$］，两个数用空格隔开；其余 n 行每行对应一箱糖果，由两部分（正整数 v 和 w）组成，分别为一箱糖果的价值和质量，中间用空格隔开。

输出圣诞老人能带走的糖果的最大总价值，保留 1 位小数；输出为一行，以换行符结束。

4. 一个叫 Hero 的国家被其他国家攻击。入侵者正在攻击首都，其他城市必须前来援助。援助物资通过城市之间相通的道路运输。在运输物资的过程中根据路途的长度和物资质量计算运输成本。每条道路的成本率是在这条道路上物资运输质量的费用率，成本率要求小于 1。每个城市必须等到所有物资到达，然后把运到的物资和自己的物资运送到下一个城市，一个城市只能运送物资到另一个城市。

输入：第一行为两个整数 $N(2\leqslant N\leqslant 100)$ 和 M，是包括首都在内的城市数量（首都的编号是 N，其他城市的编号是 $N-1$），M 是道路的数量。

第 $2\sim N$ 行，每行是一个正整数，表示第 $i(1\leqslant i\leqslant N-1)$ 个城市要运送到首都的物资质量。

接下来的 M 行描述道路，每行有 3 个参数——A，B 和 C，表示从城市 A 到城市 B 道路的运输费率是 C。

输出：运送到首都的最大物资质量，精确到小数后两位。

5. Bob 是一位工程师，他要设计一条高速公路将几个村庄连接起来。由于这个地区几乎无人居住，所以要求高速公路的出口尽量少。他将高速公路简化为直线段 S（从 0 开始），将村庄简化为直线上的点。已知高速公路的长度和村庄的位置，Bob 想设计最少数量的出口，实现每个村庄到每个出口的距离最多为 D。当然，村庄的位置与高速公路的距离不超过 D。

输入：为一个文本文件，文件中的每个数据集是一组特定的公路和村庄的位置。每个数据集包含高速公路的长度 L（整数）、距离 D（整数）、村庄的数量 n、每个村庄的位置 (x, y)。

输出：对每个数据集输出一行，表示最少数量的出口。

6. 田忌和齐王赛马，他们各有 n 匹马，依次派出一匹马进行比赛，每一轮获胜的一方将从输的一方获得 200 银币，平局则不用出钱。其中每匹马只能出场一次，每匹马有一个速度值，在比赛中速度快的马一定会获胜，田忌知道所有马的速度值，且田忌可以安排每轮双方出场的马。问田忌如何安排马的出场顺序，使最后获得的钱最多？

输入：包含若干组数组，每个数组的第 1 行是一个整数 $n(n \leqslant 100)$，表示齐王和田忌各有 n 匹马，后面的 2 行每行有 n 个数，分别表示田忌的 n 匹马和齐王的 n 匹马的速度值。测试数据以"0"结束。

输出：若干行，每行输出对应一组输入。输出是一个整数，表示田忌最多获得的钱数（损失钱用负数表示）。

7. 农场有 N 头牛，每头牛会在一个特定的时间区间 $[A, B]$（包含 A 和 B）在畜栏里挤奶，且一个畜栏里同时只能有一头牛在挤奶。现在农场主希望知道最少几个畜栏能满足上述要求，并要求给出每头牛的安排方案。对于多种可行方案，只要输出一种方案即可。

输入：第 1 行包含一个整数 $N(1 \leqslant N \leqslant 50\,000)$，表示有 N 头牛；接下来 N 行每行包含两个数，分别表示这头牛的挤奶时间 $[A_i, B_i]$（$1 \leqslant A_i \leqslant B_i \leqslant 1\,000\,000$）。

输出：第 1 行包含一个整数，表示最少需要的畜栏数；接下来 N 行，第 $i+1$ 行描述第 i 头牛被分配的畜栏编号（从 1 开始）。

第5章

回溯算法

※章节导读※

回溯算法是一种常见的算法，其基本思路是搜索所有可能的解，通过剪枝来避免搜索不必要的解，从而得到问题的最优解。

【学习重点】

（1）回溯算法的基本思想和实现过程。需要理解回溯算法的核心思想，即搜索所有可能的解，并通过剪枝来避免搜索不必要的解。同时，需要学会如何设计回溯算法，包括如何定义状态空间、如何进行搜索和如何进行剪枝。

（2）回溯算法的应用场景和实际应用。回溯算法在求解 N 皇后、数独、组合优化等问题方面有着广泛的应用，因此需要了解回溯算法的实际应用情况，以及如何针对具体问题设计回溯算法。

（3）回溯算法的优化和扩展。在实际应用中，回溯算法可能存在一些问题，比如搜索空间过大、搜索效率低等，因此需要学习如何进行回溯算法的优化和扩展，以提高回溯算法的效率和性能。

【学习难点】

（1）状态空间的定义。在设计回溯算法时，需要定义状态空间，即表示问题的状态，这需要具有一定的抽象思维和数学能力。

（2）剪枝策略的设计。回溯算法通过剪枝来避免搜索不必要的解，因此需要学习如何设计剪枝策略，即如何判断哪些搜索路径可以放弃，哪些搜索路径需要继续搜索。

（3）回溯算法的复杂度分析。回溯算法的时间复杂度往往比较高，因此需要学习如何进行复杂度分析，以便在实际应用中评估回溯算法的性能和效率。

5.1 引言

回溯算法是一种常用的解决组合优化问题的算法，也是一种基本的搜索算法。它的核心思想是在搜索过程中不断回溯之前的状态，重新选择路径，直到找到满足条件的解，或者确定不存在解为止。回溯算法可以用来解决各种问题，如组合问题、排列问题、子集问题、棋盘问题等。

5.1.1 回溯算法的基本思想

回溯算法的基本思想是通过枚举所有可能的情况，逐步地向前搜索，直到找到一个满足条件的解，或者确定不存在解为止。在搜索过程中，当发现当前的路径无法达到目标状态时，就会回溯之前的状态，重新选择路径，再次搜索，直到找到一个解或者确定不存在解为止。

回溯算法中的递归和回溯是密切相关的，递归过程是搜索状态空间树，而回溯过程则是在回到上一层状态时撤销之前做出的选择，以便重新选择其他路径进行搜索。

在递归过程中，每次做出选择时都会将其添加到当前路径中，然后继续递归。如果搜索到了一条满足条件的路径，则记录结果并返回。如果搜索到了不满足条件的路径，则回溯上一层状态，撤销之前的选择，并选择其他路径进行搜索。

状态的更新通常是通过添加或删除元素来实现的，比如可以将选择的元素添加到路径中，也可以将选择的元素从选择列表中删除。当回溯上一层状态时，需要撤销之前做出的选择，通常是将路径中的最后一个元素删除，或者将已经选择的元素重新添加到选择列表中。

5.1.2 回溯算法的基本步骤

回溯算法是一种通过遍历搜索所有可能的解来找到问题解决方案的算法。其基本结构包括以下步骤。

步骤1：定义问题的解空间。首先，需要明确问题的解空间，即所有可能的解。例如，对于数独问题，解空间就是所有合法的数独布局。

步骤2：递归遍历解空间。从解空间的某一点出发，通过递归的方式向下搜索所有可能的解。对于每个搜索到的解，都需要判断其是否符合问题的要求。

步骤3：剪枝。在搜索过程中，如果发现某个解已经不可能满足问题的要求，就需要及时剪枝，以减少不必要的搜索。

步骤4：回溯。如果在搜索过程中发现当前解已经不可能满足问题的要求，就需要回溯上一个状态，重新选择其他可能的解。

步骤5：找到符合要求的解。如果搜索到某个解符合问题的要求，就将其作为问题的解。

回溯算法的核心思想是通过搜索所有可能的解来找到问题的解决方案，因此其递归遍历解空间的方式比较容易理解，但在实际应用中需要根据具体问题进行合理的剪枝和回溯操作，才能有效地提高回溯算法的效率。

5.1.3　问题的解空间和状态空间树

假设所求解的问题有 n 个输入，用一个 n 元组 $X = (x_1, x_2, \cdots, x_n)$ 表示问题的解。其中，x_i 的取值范围为某个有穷集 S。$X = (x_1, x_2, \cdots, x_n)$ 称为问题的解向量；x_i 的所有可能取值范围的组合，称为问题的解空间。

可以用树的表示形式，把问题的解空间表达出来。在这种情况下，当 $n = 4$ 时，旅行商问题解空间的树表示形式如图 5 - 1 所示。树中从第 0 层节点到第 1 层节点路径上所标记的数字，表示变量 x_1 可能的取值；类似地，从第 i 层节点到第 $i + 1$ 层节点路径上所标记的数字表示变量 x_{i+1} 可能的取值。从图中看到，x_1 可能取值 1，2，3，4。当 x_1 取值为 1 时，x_1 可能的取值范围为 2，3，4。而当 x_1 取值为 1，x_2 取值为 2 时，x_3 的取值范围为 3，4。当 x_1 取值为 1，x_2 取值为 2，x_3 取值为 3 时，x_4 只能取 4。由此，图 5 - 1 表示了在各种情况下变量可能的取值状态。由根节点到叶节点路径上的标号，构成了问题的一个可能解。有时，把这种树称为状态空间树。当 $n = 4$ 时，0 - 1 背包问题的状态空间树如图 5 - 2 所示。

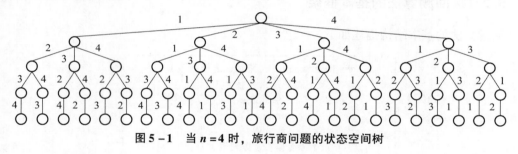

图 5 - 1　当 $n = 4$ 时，旅行商问题的状态空间树

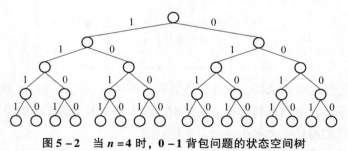

图 5 - 2　当 $n = 4$ 时，0 - 1 背包问题的状态空间树

5.1.4　状态空间树的动态搜索

问题的解只是整个解空间中的一个子集，子集中的解必须满足事先给定的某些约束条件。满足约束条件的解称为问题的可行解。可行解可能不止一个，因此对需要寻找最优解的问题，还需要事先给出一个目标函数，使目标函数取极值（极大值或极小值），这样得到的可行解称为最优解。有些问题需要寻找最优解。例如在旅行商问题中，如果其状态空

间树未经压缩，就有 n^n 个可能解。把不满足约束条件的解删去之后，剩下 $n!$ 个可能解，这些解都是可行的，但是其中只有一个或几个解是最优解。在背包问题中，有 2^n 个可能解，其中有些是可行解，有些不是可行解。在可行解中，也只有一个或几个是最优解。有些问题不需要寻找最优解，只要找出满足约束条件的可行解即可。

穷举法是对整个状态空间树中的所有可能解进行穷举搜索的一种方法。但是，只有满足约束条件的解才是可行解；只有满足目标函数的解才是最优解。这就有可能使需要搜索的空间大为压缩。于是，可以从根节点出发，沿着其儿子节点向下搜索。如果它和儿子节点的边所标记的分量 x_i 满足约束条件和目标函数的界，就把分量 x_i 加入它的部分解，并继续向下搜索以儿子节点作为根节点的子树；如果它和儿子节点的边所标记的分量 x_i 不满足约束条件或目标函数的界，就结束对以儿子节点作为根的整棵子树的搜索，选择另一个儿子节点作为根的子树进行搜索。

5.2 回溯算法的基本结构

5.2.1 回溯算法的基本框架

回溯算法的基本结构描述如下：

```
void backtrack(路径,选择列表){
    if(满足结束条件){
        记录结果;
        return;
    }
    for(选择:选择列表){
        做出选择;
        backtrack(路径,选择列表);
        撤销选择;
    }
}
```

其中，路径表示已经做出的选择，选择列表表示当前可以做出的选择。回溯算法的核心在于对选择列表的遍历和对路径的更新，在搜索过程中会不断地做出选择和撤销选择，直到找到满足约束条件的路径或者遍历完所有选择列表。

回溯算法的基本模板包含 3 个部分。

（1）结束条件判断：如果已经满足结束条件，则记录结果并返回。

（2）选择列表遍历：遍历当前可以做出选择的选择列表，对每个选择列表做出选择并递归，然后撤销选择。

（3）路径记录和撤销：在遍历选择列表和递归过程中需要记录已经做出的选择，以便在后续撤销选择。具体地，该部分包括子集树（Subset Tree）和排列树（Permutation Tree）两种，子集树的框架如下：

```
void subsetTree(vector < int >& nums, vector < int >& cur,int i) {
    //输出当前子集
    // ...
    //对于当前位置 i,分为选择和不选择两种情况
    if (i < nums.size()) {
        //选择 i
        cur.push_back(nums[i]);
        subsetTree(nums, cur, i + 1);
        cur.pop_back();
        //不选择 i
        subsetTree(nums, cur, i + 1);
    }
}
```

排列树的框架如下：

```
void permutationTree(vector < int >& nums, vector < int >&
cur, vector < bool >& used) {
    //输出当前排列
    // ...
    //对于当前位置 i,分别枚举未使用的数
    for (int i = 0; i < nums.size(); ++i) {
        if (!used[i]) {
            //选择 i
            cur.push_back(nums[i]);
            used[i] = true;
            permutationTree(nums, cur, used);
            cur.pop_back();
            used[i] = false;
        }
    }
}
```

5.2.2　约束条件和可行性剪枝

在回溯算法中，约束条件和可行性剪枝是两个重要的概念，它们有助于剪枝，提高回溯算法的效率。

约束条件是指问题本身所规定的限制条件，这些限制条件在搜索过程中必须得到满足。

可行性剪枝是指在搜索过程中，当某个状态已经不可能再找到解时，直接回溯上一个状态，以避免继续搜索下去。例如，在 N 皇后问题中，如果已经放置了 k 个皇后，而第 $k+1$ 行无论怎么放置都不能满足约束条件，那么就可以直接回溯第 k 行，重新搜索第 k 行的状态。

通过约束条件和可行性剪枝，可以避免搜索到不必要的状态，从而提高回溯算法的效率。

5.2.3 搜索顺序的优化

搜索顺序的优化是指，在回溯算法中，根据问题的特点和性质来选择搜索的顺序，以便更快地找到解。

一般来说，如果通过搜索的顺序能够将可能的解尽快地找到，就可以提高回溯算法的效率。例如，在解决数独问题时，选择未填数字最少的行或列进行搜索，可以尽快地找到解。

另外，在某些情况下，通过搜索顺序的改变可以将不可行的状态尽早地排除，从而减少搜索的次数。例如，在解决 N 皇后问题时，可以先尝试将皇后放置在第 1 行的每一列，而不是按顺序从第 1 列到第 N 列尝试，因为在第 1 列放置皇后会导致更多冲突。

5.3 回溯算法的经典例题

5.3.1 数独问题

1. 问题描述

数独是一种数字游戏，玩家需要填写一个 9×9 的网格（图 5-3），使每一行、每一列和每一个 3×3 的小宫格内都包含 1~9 的数字且不重复。数独问题可以用一个 9×9 的二维数组表示，其中已知数字用其本身表示，未知数字用 0 表示。问题的目标是找到一组解，使每个位置都满足数独的规则。

如采用暴力搜索算法解决该问题，需产生所有可能的数字配置，从 1 到 9 来填充空单元格。一个接一个地尝试每一种配置，直到找到正确的配置，也就是说，对于每一个未分配的位置，用 1~9 的数字填充。填充所有未分配的位置后，检查矩阵是否安全。如果安全，就打印出来，否则就重复其他情况。

暴力搜索算法可描述如下。

（1）创建一个函数来检查给定的矩阵是否是有效的数独矩阵。保留行、列和方框的哈希图。如果任何数字在哈希图中的频率大于 1，就返回 false，否则返回 true。

3		6	5		8	4		
5	2							
	8	7					3	1
		3		1			8	
9			8	6	3			5
	5			9		6		
2	3					2	5	
							7	4
		5	2		6	3		

图 5-3　数独游戏

（2）创建一个递归函数，接收一个网格和当前的行和列索引。

（3）检查一些基本情况。如果索引在矩阵的末尾，即 $i = N - 1$ 和 $j = N$，则检查矩阵是否安全，如果安全则打印矩阵并返回 true，否则返回 false。另一个基本情况是当列的值为 N，即 $j = N$ 时，移动到下一行，即 $i++$ 和 $j = 0$。

（4）如果当前索引没有被分配，那么就从 1 到 9 填充元素，并对所有 9 种情况下的下一个元素的索引进行递归，即 $i + 1$，$j + 1$。

（5）如果当前索引已被分配，则用下一个元素的索引调用递归函数，即 $i + 1$，$j + 1$。

2. 问题分析

1）定义回溯函数

定义一个回溯函数，它的参数是数独问题的二维数组和当前要填充数字的行和列。函数返回值为布尔值，表示是否找到解。

2）判断是否找到解

在回溯函数中，先判断当前是否已经填满了整个数独矩阵，如果是，则说明已经找到了解，返回 true。

3）获取下一个要填充的位置

获取下一个要填充的位置，即下一个为 0 的格子。如果没有下一个为 0 的格子，说明已经填满了整个数独矩阵，返回 true。

4）尝试填充数字

对于下一个要填充的格子，从 1 到 9 依次尝试填充数字。如果填充的数字在当前行、列或 3×3 的小宫格内已经出现过，则不符合数独规则，继续尝试下一个数字。

5）递归搜索

如果填充的数字符合数独规则，将该数字填入当前格子，并递归调用回溯函数，搜索下一个位置是否能够填充数字。如果递归调用的结果返回 true，说明已经找到了解，返回 true。如果返回 false，则继续尝试下一个数字。

6）回溯

如果从 1 到 9 都不能填充合法的数字，说明当前的填充方式行不通，需要回溯上一个格子，并尝试其他数字。回溯时需要将当前格子重新设置为 0。

7）返回结果

如果在回溯过程中找到了解，则直接返回 true，否则返回 false。

3. 代码实现

```cpp
bool backtrack(vector <vector <char >>& board, int row, int col) {
    int n = board.size();
    char emptyCell = '.';
    char num = '1';
    //判断是否填满整个数独矩阵,找到解
    if (row == n) {
        return true;
    }
    //获取下一个要填充的位置
```

```
        if (col == n - 1) {
            row ++ ;
            col = 0;
        } else {
            col ++ ;
        }
        //如果当前位置已经填充数字,则递归搜索下一个位置
        if (board[ row][ col] != emptyCell) {
            return backtrack(board, row, col);
        }
        //尝试填充数字
        for (num = '1'; num <= '9'; num ++ ) {
            bool valid = true;
            //判断当前数字是否符合数独规则
            for (int i = 0; i < n; i ++ ) {
                //判断当前行是否有重复数字
                if (board[ row][ i] == num) {
                    valid = false;
                    break;
                }
                //判断当前列是否有重复数字
                if (board[ i][ col] == num) {
                    valid = false;
                    break;
                }
                //判断当前小宫格是否有重复数字
                int boxRow = 3 * (row /3) + i /3;
                int boxCol = 3 * (col /3) + i%3;
                if (board[ boxRow][ boxCol] == num) {
                    valid = false;
                    break;
                }
            }
            //如果当前数字符合数独规则,则填入当前位置并递归搜索下一个位置
            if (valid) {
                board[ row][ col] = num;
                if (backtrack(board, row, col)) {
                    return true;
                }
            }
        }
        //回溯到上一个格子
        board[ row][ col] = emptyCell;
        return false;
}

void solveSudoku(vector < vector < char >> & board) {
    backtrack(board, 0, -1);
}
```

此代码中使用 char 类型表示数独中的数字, '.'表示空白格子。实际实现时, 可以使

用 int 类型表示数字，0 表示空白格子。

输入：

$$
\begin{aligned}
grid = \{ & \{3, 0, 6, 5, 0, 8, 4, 0, 0\}, \\
& \{5, 2, 0, 0, 0, 0, 0, 0, 0\}, \\
& \{0, 8, 7, 0, 0, 0, 0, 3, 1\}, \\
& \{0, 0, 3, 0, 1, 0, 0, 8, 0\}, \\
& \{9, 0, 0, 8, 6, 3, 0, 0, 5\}, \\
& \{0, 5, 0, 0, 9, 0, 6, 0, 0\}, \\
& \{1, 3, 0, 0, 0, 0, 2, 5, 0\}, \\
& \{0, 0, 0, 0, 0, 0, 0, 7, 4\}, \\
& \{0, 0, 5, 2, 0, 6, 3, 0, 0\} \}
\end{aligned}
$$

输出：

```
3 1 6 5 7 8 4 9 2
5 2 9 1 3 4 7 6 8
4 8 7 6 2 9 5 3 1
2 6 3 4 1 5 9 8 7
9 7 4 8 6 3 1 2 5
8 5 1 7 9 2 6 4 3
1 3 8 9 4 7 2 5 6
6 9 2 3 5 1 8 7 4
7 4 5 2 8 6 3 1 9
```

4. 算法分析

数独问题的回溯算法的时间复杂度和空间复杂度都非常高，因为它会搜索所有可能的填数方案，因此在最坏的情况下，它需要尝试 $9!^9$ 种填数方案。这是因为数独问题的规模是 9×9，每个格子都可以填入 $1 \sim 9$ 的任意数字，每个格子都有 9 种可能的填数选择。由于回溯算法的时间复杂度是指数级别的，所以对于大型数独问题，回溯算法并不是一个有效的解决方案。

当数独问题的规模比较小时，回溯算法通常可以在合理的时间内解决。但是，在实际中，很多人会使用更高效的算法来解决数独问题，例如基于约束编程的方法、搜索算法、启发式算法等。

回溯算法的空间复杂度是 $O(n^2)$，其中 n 是数独问题的规模。这是因为回溯算法需要使用一个 n^2 的二维数组来表示数独问题的状态。在回溯算法的执行过程中，每个递归函数调用都会占用一定的栈空间，因此回溯算法的空间复杂度是线性的。

5.3.2　N 皇后问题

1. 问题描述

N 皇后问题是一个经典的问题，其目标是将 N 个皇后放置在一个 $N \times N$ 的棋盘上，使它们不会互相攻击到对方。皇后可以攻击同一行、同一列和同一对角线上的任何棋子。8皇后问题的解示意如图 5-4 所示。

	1	2	3	4	5	6	7	8
1				Q				
2						Q		
3								Q
4		Q						
5							Q	
6	Q							
7			Q					
8					Q			

图 5-4　8 皇后问题的解示意（Q 表示皇后）

因此，在放置每个皇后时，需要检查该皇后是否与之前已放置的皇后冲突。该问题可以用回溯算法解决。

2. 回溯算法的基本思想

在回溯算法中，通常通过递归地尝试所有可能的选择来解决问题。在 N 皇后问题中，可以将棋盘看作一个二维数组，其中每个元素代表一个棋子的位置。从第一行开始，尝试在每个位置放置一个皇后，然后递归到下一行，继续尝试所有可能的位置。如果在某个位置上放置了皇后后，出现了冲突，则需要撤销该选择并回溯上一步，尝试其他位置。当递归到最后一行并且所有皇后都被放置时，就找到了一组解。

3. 代码实现

```
#include <iostream>
#include <vector>
using namespace std;
//判断当前的选择是否合法
bool is_valid(vector<int>& queens, int row, int col) {
    //遍历之前已经放置的皇后
    for (int i = 0; i < row; i++) {
        int j = queens[i];
        //判断是否在同一列或同一对角线上
        if (j == col || i - j == row - col || i + j == row + col) {
            return false;
        }
    }
    return true;
}
//回溯函数
void backtrack(vector<vector<string>>& res, vector<int>& queens, int n,
int row) {
    //找到一个解,将其加入结果
    if (row == n) {
```

```
            vector<string> solution;
            for (int i = 0; i < n; i ++) {
                string row_str(n, '.');
                row_str[queens[i]] = 'Q';
                solution.push_back(row_str);
            }
            res.push_back(solution);
        } else {
            // 枚举当前行所有的选择
            for (int col = 0; col < n; col ++) {
                // 判断当前选择是否合法
                if (is_valid(queens, row, col)) {
                    // 做出选择
                    queens[row] = col;
                    // 继续递归下一行
                    backtrack(res, queens, n, row + 1);
                    // 撤销选择
                    queens[row] = -1;
                }
            }
        }
    }
}
```

4. 算法分析

该算法的时间复杂度为 $O(n!)$，其中 n 为皇后个数，因为在每一行只能放置一个皇后，并且每一行都必须放置一个皇后，所以在最坏的情况下需要尝试所有可能的排列组合。该算法的空间复杂度为 $O(n^2)$，因为需要一个二维数组来表示棋盘。

在实践中，该算法的效率受到 n 的限制，因此只有当 n 比较小的时候才能得到较好的运行效果。在实际应用中，需要使用其他高效的算法或启发式搜索技术来解决较大规模的 N 皇后问题。

5.3.3　旅行商问题

1. 问题描述

旅行商问题（Traveling Salesman Problem，TSP）是一个经典的组合优化问题，是指旅行商需要从起点出发，依次经过每个城市并返回起点，要求经历且仅经历一次各个城市，并要求所走的路程最短。旅行商问题在计算机科学、运筹学、数学等领域都有重要的应用，例如在物流配送、航线规划、芯片布局、电路板设计等方面都有实际应用。由于该问题是 NP 完全问题，所以通常需要使用回溯算法、动态规划算法、近似算法等算法来求解。

图 5-5 所示为 4 个城市的旅行商问题示意。

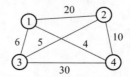

图 5-5　4 个城市的旅行商问题示意

旅行商问题的解空间是一棵排列树（图5-6）。对于排列树的回溯搜索与生成1，2，…，n 的所有排列的递归算法类似。开始时 $x = [1, 2, \cdots, n]$，则相应的排列树由 $x[1:n]$ 的所有排列构成。

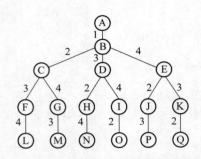

图5-6　4个城市的旅行商问题的解空间树

2. 回溯算法的基本思想

回溯算法可以通过穷举所有可能的路径来寻找最短路径。从起点出发，对于每一个可行的下一个城市，都尝试访问该城市并更新路径长度，同时递归到下一步继续搜索。当访问完所有城市并返回起点时，记录该路径长度并比较而得到最短路径。

在递归算法 Backtrack 中，当 $i = n$ 时，当前扩展节点是排列树的叶节点的父节点。此时算法检测图 G 是否存在一条从顶点 $x[n-1]$ 到顶点 $x[n]$ 的边和一条从顶点 $x[n]$ 到顶点1 的边。如果这两条边都存在，则找到一条旅行商回路。此时，还需要判断这条回路的费用是否优于已找到的当前最优回路的费用 bestc。如果是，则必须更新当前最优值 bestc 和当前最优解 bestx。

当 $i < n$ 时，当前扩展节点位于排列树的第 $i-1$ 层。图 G 中存在从顶点 $x[i-1]$ 到顶点 $x[i]$ 的边时，$x[1:i]$ 构成图 G 的一条路径，且当 $x = [1:i]$ 的费用小于当前最优值时，算法进入排列树的第 i 层，否则剪去相应的子树。算法中用变量 cc 记录当前路径 $x = [1:i]$ 的费用。

3. 代码实现

```
template < class Type >
class Traveling{
friend Type TSP(int ** ,int[ ],int,Type);
private:
    void Backtrack(int i);
    int n,           //图 G 的顶点数
        *x,          //当前解
        *bestx;      //当前最优解
  Type **a,          //图 G 的邻接矩阵
      cc,            //当前费用
      bestc,         //当前最优值
      NoEdge;        //无边标记
};
template < class Type >
    void Traveling < Type >::Backtrack(int i)
```

```
｛  if(i ==n){
      if(a[x[n -1]][x[n]]! =NoEdge&&a[x[n]][1]! =NoEdge&&
        (cc +a[x[n -1]][x[n]] +a[x[n]][1] < bestc ‖ bestc ==NoEdge)){
          for(int j =1;j <=n;j ++)bestx[j] =x[j];
          bestc =cc +a[x[n -1]][x[n]] +a[x[n]][1];}
      }
  else{
     for(int j =i;j <=n;j ++)
       //是否可进入 x[j]子树
       if(a[x[i -1]][x[j]]! =NoEdge&&
         (cc +a[x[i -1]][x[j]] < bestc ‖ bestc ==NoEdge)){
          //搜索子树
          Swap(x[i],x[j]);
          cc +=a[x[i -1]][x[i]];
          Backtrack(i +1);
          cc -=a[x[i -1]][x[i]];
          Swap(x[i],x[j]);
        }
    }
}
     template < class Type >
     Type TSP(Type * * a,int v[  ],int n,Type NoEdge)
    {  Traveling < Type > Y;
       //初始化 Y
       Y.x =new int[n +1];
       //置 x 为单位排列
       for(int i =1;i <=n;i ++)
       Y.x[i] =i;
       Y.a =a;
       Y.n =n;
       Y.bestc =NoEdge;
       Y.bestx =v;
       Y.cc =0;
       Y.NoEdge =NoEdge;
       //搜索 x[2:n]的全排列
       Y.Backtrack(2);
       delete[  ]Y.x;
       return Y.bestc;
     }
```

4. 算法分析

如果不考虑更新 bestx 所需的计算时间，则 Backtrack 需要 $O((n -1)!)$ 的计算时间。由于算法 Backtrack 在最坏的情况下可能需要更新当前最优解 $O((n -1)!)$ 次，每次更新 bestx 需要 $O(n)$ 的计算时间，所以整个算法的计算时间复杂度为 $O(n!)$。因此，回溯算法在实际应用中只适用于城市数较少的情况。

同时，为了提高算法效率，可以采用一些优化措施，如剪枝等。剪枝可以通过预处理得到一些城市间的最短距离，从而减小搜索的范围。还可以将当前路径长度和已知最短路径长度进行比较，如果当前路径长度已经大于等于已知最短路径长度，则不再继续搜索，从而提高算法效率。

5.3.4　图的 m 着色问题

一般意义上的图的 m 着色问题是指，如何用最少的颜色给一个图的每个顶点着色，使相邻的顶点不具有相同的颜色。

该问题是一个经典的图论问题，也是一个 NP 完全问题，因此没有已知的有效算法可以在多项式时间内解决它。通常使用启发式算法和近似算法来解决这个问题。其中一个简单的近似算法是贪心算法，它从一个初始着色开始，尝试将每个顶点重新着色以解决冲突。这个过程一直进行，直到没有更多的冲突。这个算法的缺点是可能无法找到最优解，但是它的时间复杂度比较低，通常能够在实际应用中得到比较好的结果。

还有其他一些更复杂的算法可以用于解决这个问题，比如遗传算法、模拟退火算法和禁忌搜索算法，但是这些算法需要更高的计算复杂度。

1. 问题描述

在这里，只考虑给定一个无向图和一个数字 m，确定是否可以用最多 m 种颜色给图着色，使图中没有两个相邻的顶点具有相同的颜色。这里图的着色是指对所有顶点的颜色分配。

图 5 - 7 所示是一个可以用 3 种不同颜色着色的图的 m 着色问题示例。

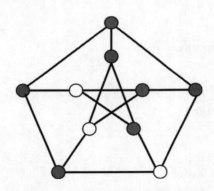

图 5 - 7　图的 m 着色问题示例

输入：一个二维数组 graph[V][V]，其中 V 是图中顶点的数量，graph[V][V] 是图的邻接矩阵表示。如果有一条从 i 到 j 的直接边，graph[i][j] 的值就是 1，否则 graph[i][j] 的值就是 0。

一个整数 m，是可以使用的最大颜色数。

输出：一个数组 color[V]，应该有 1 ~ m 的数字。color[i] 代表分配给第 i 个顶点的颜色。如果图不能用 m 种颜色着色，则应该返回 false。

下面给出具体的例子。

输入：

$$graph = \{0, 1, 1, 1\}$$
$$\{1, 0, 1, 0\}$$
$$\{1, 1, 0, 1\}$$
$$\{1, 0, 1, 0\}$$

输出：

解决方案存在。

例如，以下是分配的颜色：

1　2　3　2

解释：用以下颜色给顶点着色，相邻的顶点就不会有相同的颜色。

输入：

$$graph = \{1, 1, 1, 1\}$$
$$\{1, 1, 1, 1\}$$
$$\{1, 1, 1, 1\}$$
$$\{1, 1, 1, 1\}$$

输出：解决方案不存在。

2. 算法设计

对于图的 m 着色问题，回溯算法可以通过穷举所有可能的着色方案来寻找一种最优解。从某个顶点开始，尝试使用可行的颜色进行着色，并递归到下一步去继续搜索。如果当前方案不可行，则撤销该方案并尝试其他方案。当所有顶点都被着色时，记录使用的颜色种类数并比较而得到最优解。

3. 代码实现

```cpp
#include <iostream>
#include <cstring>
using namespace std;
const int MAXN = 100; //最大顶点数
int n; //顶点数
int m; //颜色数
int g[MAXN][MAXN]; //存储图的邻接矩阵
int color[MAXN]; //记录每个顶点的颜色
int ans = MAXN; //最少使用的颜色种类数
bool check(int cur, int c) {
    for (int i = 0; i < n; i++) {
        if (g[cur][i] && color[i] == c) { //如果当前顶点与相邻顶点颜色相同,则返
回 false
            return false;
        }
    }
    return true;
}

void dfs(int cur, int cnt) {
    if (cnt >= ans) return; //剪枝,如果当前使用的颜色种类数已经不小于已知最优解,则
不再继续搜索
```

```
        if (cur == n) { //所有顶点都已着色
            ans = cnt; //更新最优解
            return;
        }

        for (int i = 1; i <= m; i ++) {
            if (check(cur, i)) { //如果当前颜色可行
                color[cur] = i; //着色
                dfs(cur + 1, cnt + 1); //递归到下一步继续搜索
                color[cur] = 0; //回溯,撤销当前顶点的颜色
            }
        }
}

int main() {
    cin >> n >> m;
    for (int i = 0; i < n; i ++) {
        for (int j = 0; j < n; j ++) {
            cin >> g[i][j];
        }
    }
    dfs(0, 0);
    cout << ans << endl;
    return 0;
}
```

4. 算法分析

对于图的 m 着色问题，回溯算法的时间复杂度为 $O(m^n)$，其中 n 为顶点数，m 为颜色数。在实际应用中，该算法仅适用于规模较小的问题，因为当 m 和 n 较大时，搜索空间会变得非常大，算法的时间复杂度将变得非常高。

同时，为了提高算法效率，可以采用一些优化措施，如剪枝等。剪枝可以通过预处理得到一些不同颜色的最小数量，从而减小搜索的范围。还可以将当前已着色的顶点数和已知最小着色数量进行比较，如果已着色的顶点数已经大于等于已知最小着色数量，则不再继续搜索，从而提高算法效率。

5.3.5 迷宫问题

1. 问题描述

给定一个大小为 $n \times m$ 的迷宫，迷宫中有障碍物和空地。起点为 $(0, 0)$，终点为 $(n-1, m-1)$。要求从起点到终点寻找一条通路，使路径上的每个位置都是空地，同时满足从起点到终点的距离最短的要求。

2. 问题分析

迷宫问题是在一个矩阵中找到从起点到终点的一条路径，使路径穿过的位置符合一定的规则，而其他位置则不能穿过，如图 5-8 所示。迷宫问题可以使用深度优先搜索、广

度优先搜索等算法来解决。

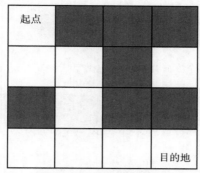

图 5 - 8   迷宫问题示例

从起点开始搜索，每次在当前位置尝试向上、下、左、右 4 个方向走一步，如果能走通就继续往前走，否则回退到上一步重新选择方向。

在搜索的过程中，需要维护一个路径，记录当前已经走过的位置，同时需要使用一个 visited 数组来标记当前位置是否已经被访问过。用二维数组 maze[MAXN][MAXN]表示迷宫地图，其为字符型，用布尔型变量 visited[MAXN][MAXN]来记录某位置是否已经被访问过。

3. 代码实现

```
#include <iostream>
#include <vector>
using namespace std;
const int MAXN = 1005;      //迷宫大小上限
int n, m;                   //迷宫大小
int start_x, start_y;       //起点坐标
int end_x, end_y;           //终点坐标
char maze[MAXN][MAXN];      //迷宫地图
bool visited[MAXN][MAXN];   //记录是否已经访问过
//定义方向数组:上、下、左、右
int dx[4] = {-1, 0, 1, 0};
int dy[4] = {0, 1, 0, -1};
bool isValid(int x, int y) {   //判断当前位置是否合法
    if (x < 0 || x >= n || y < 0 || y >= m || maze[x][y] == '#' || visited[x][y]) {
        //超出边界或障碍物或已经访问过,都不合法
        return false;
    }
    return true;
}

bool dfs(int x, int y) {   //深度优先搜索函数
    if (x == end_x && y == end_y) {   //到达终点,返回 true
        return true;
    }
    visited[x][y] = true;   //标记已经访问过
    for (int i = 0; i < 4; i++) {   //尝试 4 个方向
        int nx = x + dx[i];
        int ny = y + dy[i];
        if (isValid(nx, ny)) {   //如果该方向合法,则继续搜索
```

```
                    if (dfs(nx, ny)) {    //如果找到一条路径,则返回 true
                        return true;
                    }
                }
            }
        return false;    //4 个方向都走不通,返回 false
}
int main() {
    cin >> n >> m;
    cin >> start_x >> start_y >> end_x >> end_y;
    for (int i = 0; i < n; i ++) {
            for (int j = 0; j < m; j ++) {
                    cin >> maze[i][j];
            }
    }
    if (dfs(start_x, start_y)) {
            cout << "YES" << endl;
    } else {
            cout << "NO" << endl;
    }
    return 0;
}
```

4. 算法分析

时间复杂度:在最坏的情况下,该算法将遍历整个迷宫地图,时间复杂度为 $O(n \times m)$,其中 n 和 m 分别是迷宫地图的行数和列数。

空间复杂度:空间复杂度主要来自递归调用时的栈空间和存储路径信息的 vector。

在最坏的情况下,递归深度为 $n \times m$,即 $O(n \times m)$。而每个递归调用需要记录当前位置的路径信息,因此 vector 存储空间在最坏的情况下也为 $O(n \times m)$。

该算法的时间复杂度和空间复杂度均为 $O(n \times m)$。在实际应用中,当迷宫地图较大时,该算法的性能不够理想。可以考虑采用其他更加高效的算法,例如广度优先搜索算法或 A $*$ 算法。

5.3.6 骑士之旅问题

1. 问题描述

骑士之旅(Knight's Tour)问题是一个古老而经典的问题,它要求在一个给定的 $n \times n$ 棋盘上找出一条路径,使一个马(骑士)从任意起点开始,恰好经过棋盘上的所有格子,且每个格子只经过一次(图 5-9)。

2. 问题分析

在骑士之旅问题中,回溯算法可以这样实现:首先从任意一个起点开始,在棋盘上进行搜索,每次选择一个可行的"下一步",然后进入递归调用,对"下一步"进行搜索;如果到达某个点时不能继续搜索,就回退到上一个状态,尝试其他的可能性,直到找到一条覆盖所有棋盘格子的路径,或者所有可能的路径都被尝试完毕,此时算法结束。8×8 骑士之旅问题路线示例如图 5-10 所示。

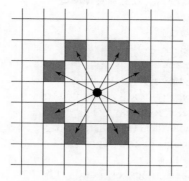

图 5 – 9　骑士前进的路线示意

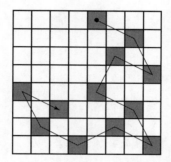

图 5 – 10　8 × 8 骑士之旅问题路线示例

3. 代码实现

```cpp
#include < bits/stdc ++ .h >
using namespace std;

//棋盘尺寸
#define N 8

//打印棋盘
void printBoard( int board[N][N] ) {
    for ( int i = 0; i < N; i ++ ) {
        for ( int j = 0; j < N; j ++ ) {
            cout << board[i][j] << " ";
        }
        cout << endl;
    }
}
//判断下一个位置是否合法
bool isSafe( int x, int y, int board[N][N] ) {
    return ( x >= 0 && x < N && y >= 0 && y < N && board[x][y] == -1 );
}
//使用回溯算法解决骑士之旅问题
bool solveKTUtil( int x, int y, int movei, int board[N][N], int xMove[N], int yMove[N] ) {
    int next_x, next_y;
```

```cpp
        if (movei == N * N) //所有位置都被访问过
            return true;
        //试探下一个可能的移动位置
        for (int k = 0; k < 8; k++) {
            next_x = x + xMove[k];
            next_y = y + yMove[k];
            if (isSafe(next_x, next_y, board)) {
                board[next_x][next_y] = movei;
                if (solveKTUtil(next_x, next_y, movei + 1, board, xMove, yMove))
                    return true;
                else
                    board[next_x][next_y] = -1; //回溯
            }
        }
        return false;
    }
    //骑士之旅函数
    void knightTour() {
        int board[N][N];

        //初始化棋盘
        for (int i = 0; i < N; i++) {
            for (int j = 0; j < N; j++) {
                board[i][j] = -1;
            }
        }
        //xMove[]和yMove[]定义骑士可能移动的8个方向
        int xMove[8] = {2, 1, -1, -2, -2, -1, 1, 2};
        int yMove[8] = {1, 2, 2, 1, -1, -2, -2, -1};

        //从(0, 0)开始尝试解决骑士之旅问题
        board[0][0] = 0; //初始位置
        if (solveKTUtil(0, 0, 1, board, xMove, yMove) == false) {
            cout << "Solution does not exist";
            return;
        }
        else {
            printBoard(board);
        }
    }

    //主函数
    int main() {
        knightTour();
        return 0;
    }
```

　　以上代码使用了一个递归函数 solveKTUtil，该函数试图在棋盘上放置骑士，从当前位置开始，通过尝试所有可能的移动位置进行深度搜索。如果到达棋盘的最后一个位置并成功放置骑士，则函数返回 true，否则，它会回溯前一个位置，并尝试下一个可能的

移动位置。

在主函数 knightTour 中，首先初始化棋盘，并定义了骑士可能移动的 8 个方向。然后，从（0，0）位置开始，通过调用 solveKTUtil 函数来解决骑士之旅问题。如果解决方案存在，则打印棋盘，否则，输出"Solution does not exist"。

为了避免在搜索过程中重复访问已经访问过的位置，使用函数 isSafe 来检查下一个移动位置是否合法。如果该位置未被访问过，则返回 true，否则返回 false。

最后，printBoard 函数用于打印棋盘的状态。

4. 算法分析

上述算法是一个基于回溯算法的暴力搜索解法，其时间复杂度为 $O(8^{n^2})$，空间复杂度为 $O(n^2)$。

该算法的基本思路是在棋盘上从起点开始，依次尝试所有可能的移动位置，直到所有位置都被访问过。如果某个位置无法访问，则回溯上一个位置，继续尝试其他位置，直到找到解决方案或者所有可能的位置都被访问过。

总体来说，该算法的效率比较低，因为它需要尝试大量的可能性，其时间复杂度非常高。在处理更大的棋盘时，该算法的运行时间会呈指数级增长，因此在实际应用中，需要使用更高效的算法来解决这个问题。

5.4　回溯算法的时间和空间复杂度分析

5.4.1　时间复杂度分析

回溯算法的时间复杂度通常是指最坏的情况下的时间复杂度。在最坏的情况下，回溯算法需要遍历整个搜索空间才能找到最优解或确定无解。因此，回溯算法的时间复杂度一般是指数级别的，即 $O(2^n)$，其中 n 表示问题规模。

需要注意的是，回溯算法的时间复杂度并不一定等于搜索空间的大小。有时候，可以通过剪枝等优化技巧，减小搜索空间的大小，从而降低时间复杂度。

5.4.2　空间复杂度分析

回溯算法的空间复杂度通常是指在搜索过程中需要存储的中间结果和状态的空间复杂度。因此，回溯算法的空间复杂度与搜索树的深度和宽度有关。

在回溯算法中，通常需要使用栈或递归等方式来存储中间结果和状态，因此空间复杂度与栈的深度有关。在最坏的情况下，回溯算法的空间复杂度通常是指数级别的，即 $O(2^n)$。

需要注意的是，回溯算法的空间复杂度也不一定等于搜索树的深度。有时可以通过非递归方式实现回溯算法，或者采用其他优化技巧减小存储中间结果和状态的空间，从而降低空间复杂度。

应该根据问题的特点和实际情况，综合考虑时间和空间复杂度，选择合适的回溯算法和优化策略。

5.5　本章小结

回溯算法的优点是可以解决各种组合优化问题，它是一种通用的求解方法，不需要事先对问题进行数学建模。此外，回溯算法的实现相对简单，容易理解和调试。

然而，回溯算法的缺点也比较明显。由于需要枚举所有可能的情况，所以回溯算法的时间复杂度较高，尤其是当问题规模较大时。此外，回溯算法在搜索过程中可能遍历一些不必要的状态，导致时间和空间的浪费。

回溯算法适用于各种组合问题，如排列、组合、子集、棋盘等。在具体应用中，需要根据问题的特点来确定使用回溯算法的可行性。

5.6　习题

1. 括号生成问题。

问题描述：给定一个正整数 n，请生成所有包含 n 对括号的合法字符串，合法字符串需要满足以下条件：左、右括号的数量相等，且每个右括号都必须紧跟着一个左括号。

输入样例：

$n = 3$

输出样例：

((()))

(()())

(())()

()(())

()()()

2. 字符串排列问题。

问题描述：给定一个字符串，需要通过回溯算法生成所有排列组合。注意，字符串中可能包含重复字符。

输入样例：

abc

输出样例：

abc

acb

bac

bca

cab

cba

3. 矩阵取数问题。

问题描述：给定一个 m 行 n 列的矩阵，矩阵中的元素为非负整数。从左上角开始，每次只能向右或向下走，直到右下角。求从左上角到右下角的所有路径中，所有元素之和的最小值。

输入格式：第一行有两个整数 m 和 n，表示矩阵的行数和列数。接下来的 m 行，每行有 n 个整数，表示矩阵中的元素。

输出格式：一个整数，表示所有路径中所有元素之和的最小值。

输入样例：

3 3

1 3 1

1 5 1

4 2 1

输出样例：

6

4. 数字组合问题。

问题描述：给定一个正整数 n，找出由 1~9 这 9 个数字组成的长度为 n 的所有数字串。其中，每个数字串中的数字都不相同。

输入格式：一个正整数 n，表示数字串的长度。

输出格式：按照字典序从小到大输出长度为 n 的所有数字串，每行 1 个。

输入样例：

3

输出样例：

123

124

125

126

127

128

129

132

134

…

987

5. 组合总和。

问题描述：给定一个数组 candidates 和一个目标数 target，找出 candidates 中所有可以使数字和为 target 的组合，每个数字在 candidates 中只能使用一次。

输入格式：第一行有两个整数 n 和 target，表示数组长度和目标数。第二行有 n 个整数，表示数组 candidates 中的元素。

输出格式：按照字典序排列，输出所有可以使数字和为 target 的组合，每个组合占一行，组合中的元素从小到大排列，不重复。

输入样例：

7 8

10 1 2 7 6 1 5

输出样例：

1 1 6

1 2 5

1 7

2 6

6. 由数字组成的排列问题。

问题描述：给定一个长度为 n 的整数序列，输出其中所有排列方式。

输入格式：一个长度为 n 的整数序列。

输出格式：按字典序输出所有排列方式，每个排列占一行。

输入样例：

1 2 3

输出样例：

1 2 3

1 3 2

2 1 3

2 3 1

3 1 2

3 2 1

7. 搜索旋转排序数组。

问题描述：给定一个经过旋转的有序数组 nums，在该数组中查找 target，如果目标值存在则返回它的索引，否则返回 −1。

输入格式：第一行有两个整数 n 和 target，表示数组长度和目标数。第二行有 n 个整数，表示数组 nums 中的元素。

输出格式：一个整数，表示目标值在数组中的索引。

输入样例：

6 1

4 5 6 7 0 1

输出样例：

5

8. 单词搜索问题。

问题描述：给定一个二维字符数组和一个单词，判断该单词是否存在于数组中。单词可以由相邻的字符通过拼接得到，相邻的字符指的是上、下、左、右 4 个方向相邻的字符。

输入格式：第一行有两个整数 m 和 n，表示二维字符数组的行数和列数。接下来的 m 行，每行有 n 个字符，表示二维字符数组。最后一行有一个单词 word，表示待查找的单词。

输出格式：如果该单词存在于数组中，则输出 true，否则输出 false。

9. 滑动拼图问题。

问题描述：给定一个 $n \times n$ 的拼图，其中有一个空格和一些数字块，数字块被编号为 1 到 $n^2 - 1$。目标是通过移动数字块，使拼图最终变成一个目标状态，其中目标状态的数字块被编号为 1 到 $n^2 - 1$，并且空格出现在右下角。

输入格式：第一行有一个整数 n，表示拼图的大小。接下来的 n 行，每行有 n 个整数，表示拼图的初始状态。

输出格式：输出最少的移动步数，使拼图达到目标状态。如果无法达到目标状态，则输出 -1。

输入样例：

3

2 3 7

1 8 0

4 6 5

输出样例：

4

10. 8 数码问题（8 – puzzle problem）。

给定一个 3×3 的棋盘，其中有 8 个滑块，滑块上标有 1~8 的数字以及一个空格，即有 9 个可移动的位置。每个状态表示为一个 3×3 的矩阵，空格用 0 表示。

给定一个初始状态和一个目标状态，找到从初始状态到目标状态的最小移动步数。

在每一步中，可以将空格移动到相邻的一个滑块上。最终目标状态如下所示：

1 2 3 4 5 6 7 8 0

输入样例：

2 8 3 1 0 4 7 6 5

输出样例：

7

（解释：将棋盘从上面的初始状态移动到下面的目标状态需要移动 7 步，具体的移动方法可以是：2 –> 右 –> 8 –> 下 –> 0 –> 左 –> 6 –> 上 –> 1 –> 右 –> 3 –> 下 –> 4 –> 左 –> 5。）

第6章 分支限界算法

※章节导读※

分支限界算法（Branch and Bound Method）是一种求解最优化问题的算法，其基本思路是在搜索解的过程中不断对可行解空间进行缩减，从而逐步接近最优解。

【学习重点】

（1）分支限界算法的核心思想和实现过程。需要理解分支限界算法的核心思想，即通过对可行解空间进行剪枝来提高算法的效率。同时，需要学会如何设计分支限界算法，包括如何定义状态空间、如何进行搜索和如何进行剪枝。

（2）分支限界算法的应用场景和实际应用。分支限界算法在求解旅行商问题、装载问题、图的 m 着色问题等方面有着广泛的应用，因此需要了解分支限界算法的实际应用情况，以及如何针对具体问题设计分支限界算法。

（3）分支限界算法的优化和扩展。在实际应用中，分支限界算法可能存在一些问题，比如搜索空间过大、搜索效率低等，因此需要学习如何进行分支限界算法的优化和扩展，以提高分支限界算法的效率和性能。

【学习难点】

（1）状态空间的定义。在设计分支限界算法时，需要定义状态空间，即表示问题的状态，这需要具有一定的抽象思维和数学能力。

（2）剪枝策略的设计。分支限界算法通过剪枝来避免搜索不必要的解，因此需要学习如何设计剪枝策略，即如何判断哪些搜索路径可以放弃，哪些搜索路径需要继续搜索。

（3）分支限界算法的复杂度分析。分支限界算法的时间复杂度往往比较高，因此需要学习如何进行分支限界算法的复杂度分析，以便在实际应用中评估分支限界算法的性能和效率。

6.1　引言

分支限界算法是一种用于解决优化问题的算法，它通过动态搜索解空间树来寻找最优解。在搜索过程中，分支限界算法利用限界函数来估计每个节点可能的目标函数值，然后根据目标函数值对节点进行优先级排序，从而尽可能地搜索到更优的解决方案。

分支限界算法是一种启发式搜索算法，因为它利用启发式信息来指导搜索方向，以提高搜索效率。通过限界函数，分支限界算法能够剪去一些无效的分支，从而减小搜索空间的大小，提高搜索效率。与其他搜索算法相比，分支限界算法可以更快地找到最优解决方案。

6.1.1　分支限界算法的基本思想

分支限界算法的基本思想是，将搜索过程分为多个阶段，每个阶段都对应一个决策变量的取值。在每个阶段，根据问题的限制条件和目标函数，计算出每个子空间的下界（或上界），并选择下界最小的子空间进行搜索。在搜索过程中，不断更新当前最优解，并利用下界的信息进行剪枝操作，排除那些不可能成为最优解的子空间。

分支限界算法的设计思想可以概括为以下几点。

（1）问题的分解。将原问题分解成若干子问题，并确定每个子问题的可行解空间。

（2）搜索策略的选择。采用深度优先搜索或广度优先搜索等策略，从可行解空间的某个起点开始，逐步扩展搜索树，直到找到最优解或无法继续扩展为止。

（3）状态空间树的构建。每次扩展搜索树时，将一个可行解空间进一步细分成若干子空间，并将这些子空间作为搜索树中的节点，以深度优先或广度优先的方式遍历搜索树。

（4）上界函数与下界函数的定义。为了确定每个子问题的上界和下界，需要定义相应的上界函数和下界函数。上界函数给出了问题的最优解的一个上限，下界函数则给出了问题的最优解的一个下限。

（5）剪枝策略的选择。在搜索过程中，采用一些剪枝策略，以减小搜索树的规模，从而提高搜索效率。例如，可以根据当前搜索树中已经求得的最优解，及时剪去某些不可能得到更优解的子空间。

（6）最优解的确定。当在搜索树中找到一个可行解时，将该可行解的目标函数值与当前已知的最优解的目标函数值进行比较，更新最优解。

通过以上几个步骤，分支限界算法能够在有限时间内求出离散优化问题的最优解，具有较高的效率和精度。

分支限界算法的核心在于如何计算子空间的下界。通常，可以利用松弛模型或者启发式函数来计算下界。松弛模型是指将原问题的限制条件或者目标函数进行适当的松弛，得到一个更加容易求解的子问题。启发式函数是指根据问题的特点设计的一种估计函数，用于快速计算子空间的下界。

在分支限界算法中，搜索过程可以采用深度优先搜索或者广度优先搜索。深度优先搜索通常用于解决目标函数是最大值的问题，广度优先搜索通常用于解决目标函数是最小值的问题。在实际应用中，需要根据具体问题的特点选择合适的搜索策略。

6.1.2　解空间树的搜索策略

分支限界算法不是一种单一的搜索策略，而是一种可以基于不同搜索策略实现的算法。虽然分支限界算法的广度优先搜索策略最为常见，但也可以采用其他搜索策略，如深度优先搜索策略、最佳优先搜索策略等。

在分支限界算法中，搜索策略是通过限界函数来实现的。限界函数可以帮助算法评估每个节点的潜在价值，并选择下一个扩展的节点。限界函数的选择是非常关键的，它应该能够在保证搜索效率的同时，尽可能接近最优解。

因此，在分支限界算法中，搜索策略的选择通常取决于问题的具体特征和限界函数的设计。广度优先搜索是一种常用的搜索策略，因为它可以保证找到最优解。但在某些情况下，深度优先搜索策略或其他搜索策略可能更加高效。

通常，有 3 种类型的节点参与其中。

（1）活节点：是指已经生成的节点，但其子节点还没有生成。

（2）扩展节点：是一个活节点，其子节点目前正在探索中，换句话说，扩展节点是一个目前正在扩展的节点。

（3）死节点：是一个已生成的节点，不再被扩展或探索，死节点的所有子节点都已被扩展。

下面介绍代价函数。

搜索树中的每个节点 X 都与一个代价有关。代价函数对于确定下一个扩展节点很有用。下一个扩展节点是代价最小的节点。代价函数定义为

$$C(X) = g(X) + h(X)$$

其中，$g(X)$ 为从根部到达当前节点的代价，$h(X)$ 为从 X 处到达一个叶子节点的代价。

具体来说，分支限界算法在搜索过程中，每个节点都会被扩展成若干子节点，每个子节点都是当前节点通过某种操作所能转移出的状态。然后，分支限界算法会对每个子节点进行估价，计算出该子节点可能达到的最优解的值，即限界函数值，根据这个限界函数值对所有子节点进行排序，选取限界函数值最小的子节点进行扩展，而忽略其他子节点。这个过程就叫作分支。

当扩展出一个新的节点后，分支限界算法会判断该节点是否已经达到目标状态，如果已经达到，则更新当前最优解的值，如果当前节点的限界函数值比当前最优解的值大，则可以剪枝，直接放弃该节点及其所有子节点的搜索，不再继续搜索下去。这个过程就叫作限界。

问题的解空间树是一个以初始解为根节点的树状结构，每个节点表示一个可行解，而树的分支代表了在当前解的基础上的可能变化。在分支限界算法中，树的分支被分为两种类型：扩展节点和剪枝节点。

扩展节点是当前搜索过程中未被完全探索的节点。在搜索过程中，扩展节点会被扩展成更多子节点，以探索新的解空间。剪枝节点是指已经被完全探索过的节点，但是它们的子节点都不可能产生更优的解，因此它们会被剪枝，以减小搜索空间。在搜索过程中，通过对每个节点进行评估来确定哪些节点应该被扩展、哪些节点应该被剪枝。在通常情况下，会为每个节点计算一个上界或者下界，用于判断该节点是否可能产生更优的解。对于扩展节点，会选择上界最小的节点进行扩展，以便更快地找到最优解。对于剪枝节点，会根据其下界与当前最优解的比较结果，决定是否将其剪枝。

6.2　分支限界算法的经典例题

6.2.1　8 数码问题

1. 问题描述

8 数码问题（8 puzzle Problem）是状态搜索中的经典问题，该问题描述为：在 3×3 的棋盘上摆有 8 个棋子，每个棋子上标有 1~8 的某一数字，不同棋子上标的数字不相同。棋盘上还有一个空格，与空格相邻的棋子可以移到空格中。要求解决的问题是：给出一个初始状态和一个目标状态，找出一种从初始状态转变成目标状态的移动棋子步数最少的移动步骤（图 6-1）。

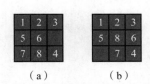

图 6-1　8 数码问题的初始状态与目标状态

（a）初始状态；（b）目标状态

2. 状态空间树（解空间树）

8 数码问题的状态空间树示例如图 6-2 所示，图中每个节点表示一个可能的状态，边表示状态之间的转移。

状态空间树的根节点代表初始状态，每个节点的子节点表示通过某种操作从父节点状态转移到的新状态。搜索算法的目标是找到从初始状态到目标状态的最短路径。

下面，考虑解决 8 数码问题的各种方案。

1）深度优先搜索

深度优先搜索从根节点开始，一直沿着树的深度搜索，直到找到目标状态或者搜索到叶子节点。该算法采用栈来维护搜索路径，每次扩展节点时将其子节点按照一定顺序入栈。深度优先搜索容易陷入局部最优解，因为它只关注当前路径的延伸，而没有考虑其他可能的路径。

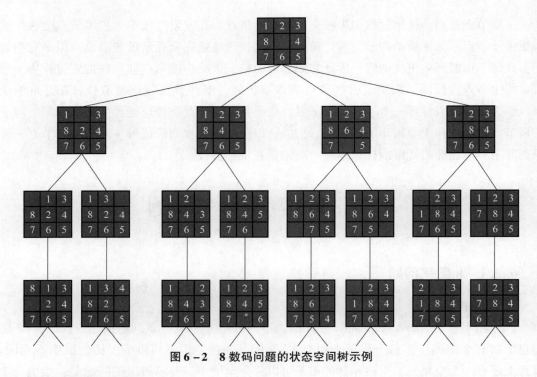

图 6 - 2　8 数码问题的状态空间树示例

代码框架可以表示如下。

```
void dfs(State state, int depth) {
    //判断是否达到目标状态或者达到深度限制
    if (state.is_goal() || depth == MAX_DEPTH) {
        //处理达到目标状态或者达到深度限制的情况
        return;
    }
    //遍历所有可能的操作
    for (int i = 0; i < num_operations; i ++) {
        //判断操作是否可行
        if (state.is_valid_operation(i)) {
            //执行操作,得到新状态
            State new_state = state.apply_operation(i);
            //标记新状态已经访问过
            visited.insert(new_state);
            //递归搜索新状态
            dfs(new_state, depth + 1);
            //恢复状态,以便执行下一步操作
            state.undo_operation(i);
        }
    }
}
```

2）广度优先搜索

广度优先搜索从根节点开始,以按照层次遍历树的方式进行搜索,先扩展当前层的所有节点,然后扩展下一层的所有节点,直到找到目标状态或者搜索完整个树。该算法采用队列来维护搜索路径,每次扩展节点时将其子节点按照一定顺序加入队列。广度优先搜索保证可以找到最短路径，但是开销很大，需要存储所有已经扩展过的节点。

代码框架可以表示如下。

```cpp
#include <iostream>
#include <queue>
#include <unordered_map>
#include <vector>
using namespace std;
struct State {
    vector<vector<int>> board; //8-puzzle 游戏板
    int x, y; //空格子位置
    int steps; //已经走的步数
    bool operator==(const State& other) const {
        return board == other.board;
    }
};
namespace std {
    template<>
    struct hash<State> {
        size_t operator()(const State& s) const {
            size_t h = 0;
            for (const auto& row : s.board) {
                for (int x : row) {
                    h ^= hash<int>()(x);
                }
            }
            return h;
        }
    };
}
vector<State> get_successors(const State& state) {
    vector<State> successors;
    //在上、下、左、右 4 个方向移动空格子
    int dx[] = {-1, 1, 0, 0};
    int dy[] = {0, 0, -1, 1};
    for (int i = 0; i < 4; i++) {
        int new_x = state.x + dx[i];
        int new_y = state.y + dy[i];
        if (new_x >= 0 && new_x < 3 && new_y >= 0 && new_y < 3) {
            State successor = state;
            swap(successor.board[state.x][state.y], successor.board[new_x][new_y]);
            successor.x = new_x;
            successor.y = new_y;
            successor.steps++;
            successors.push_back(successor);
        }
    }

    return successors;
}
```

```cpp
int bfs(State& start, State& target) {
    queue < State > q;
    unordered_map < State, int > dist;
    q.push(start);
    dist[start] = 0;

    while (! q.empty()) {
        State curr = q.front();
        q.pop();
        if (curr == target) {
            return curr.steps;
        }
        vector < State > successors = get_successors(curr);
        for (const auto& successor : successors) {
            if (dist.find(successor) == dist.end()) { //如果当前状态没有访问过
                q.push(successor);
                dist[successor] = successor.steps;
            }
        }
    }
    return -1; //没有找到目标状态
}
int main() {
    State start = { {{2, 8, 3}, {1, 6, 4}, {7, 0, 5}}, 1, 2, 0 };
    State target = { {{1, 2, 3}, {8, 0, 4}, {7, 6, 5}}, 1, 1, 0 };
    int steps = bfs(start, target);
    cout << "Minimum steps to reach the target state: " << steps << endl;

    return 0;
}
```

在 8 数码问题中，每个状态可以通过上、下、左、右 4 个方向中的一步移动到下一个状态。因此，图中每个状态都有 4 个箭头，指向从该状态出发可以到达的 4 个下一个状态。

随着搜索深度的增加，可选的行动越来越少，而每个节点的子节点数量最多为 4 个（向上、下、左、右移动），因此随着深度的增加，可行的箭头数量也逐渐减少。

3）启发式搜索

启发式搜索算法是一种利用启发式函数的搜索算法，它通过评估每个状态的"好坏程度"来引导搜索方向。具体来说，在 8 数码问题中，启发式搜索算法会按照启发式函数值的大小选择下一步要搜索的状态，从而更加高效地遍历状态空间树，找到最优解决方案。启发式函数可以是曼哈顿距离启发式函数或者错位数启发式函数。

曼哈顿距离启发式函数可以表示为每个数字与其目标位置的曼哈顿距离之和。假设当前状态为 s，目标状态为 t，$h(s)$ 表示当前状态 s 的启发式函数值，则曼哈顿距离启发式函数可以表示为

$$h(s) = \sum_{i=1}^{9} \text{ManDist}(i, \text{Pos}(i,t))$$

其中，$\text{ManDist}(i, \text{Pos}(i,t))$ 表示数字 i 在当前状态 s 中的位置与其在目标状态 t 中的位置之

间的曼哈顿距离。具体来说，设数字 i 在当前状态 s 中的位置为 (x_i, y_i)，在目标状态 t 中的位置为 (x_i', y_i')，则 $\text{ManDist}(i, \text{Pos}(i, t))$ 可表示为

$$\text{ManDist}(i, \text{Pos}(i, t)) = |x_i - x_i'| + |y_i - y_i'|$$

错位数启发式函数可以表示为当前状态 s 与目标状态 t 中不同数字的个数。假设当前状态为 s，目标状态为 t，$h(s)$ 表示当前状态 s 的启发式函数值，则错位数启发式函数可以表示为

$$h(s) = \sum_{i=1}^{9} \text{Mismatch}(i, s, t)$$

其中，$\text{Mismatch}(i, s, t)$ 表示数字 i 在当前状态 s 中是否与其在目标状态 t 中不同。如果数字 i 在 s 中与 t 中相同，则 $\text{Mismatch}(i, s, t) = 0$；否则，$\text{Mismatch}(i, s, t) = 1$。

这些启发式函数都能够有效地缩小搜索空间，从而加快搜索算法的速度。对于 8 数码问题，启发式函数的选择对搜索算法的效率有很大影响。曼哈顿距离启发式函数通常比错位数启发式函数更加准确，因为它考虑了数字在空间中的相对位置，从而更好地反映了实际路径长度。但是，曼哈顿距离启发式函数的计算成本较高，可能导致搜索算法的速度变慢。因此，在实际应用中，需要根据具体情况选择合适的启发式函数。

8 数码问题分支限界算法的伪代码如下。

```
//初始化状态
Node start;
start.x = start.y = start.step = 0;
memcpy(start.board, st, sizeof st);
start.f = get_h(start);        //初始化估价函数的值
priority_queue < Node > q;
q.push(start);
while (! q.empty()) {
    Node t = q.top(); q.pop();
    int code = encode(t);
    if (vis[code]) continue;
    vis[code] = true;
    pre[code] = t;
    //判断是否到达目标状态
    if (memcmp(t.board, target, sizeof t.board) == 0) {
        print_ans(t);
        return;
    }
    //扩展当前状态
    for (int i = 0; i < 4; i ++) {
        int nx = t.x + dx[i], ny = t.y + dy[i];
        if (! check(nx, ny)) continue;
        Node next = t;
        swap(next.board[t.x][t.y], next.board[nx][ny]);
        next.x = nx, next.y = ny;
        next.step ++;
        next.f = get_h(next) + next.step; //计算估价函数的值
        q.push(next);
    }
}
```

在上述代码中，Node 结构体表示状态，包括当前状态的二维矩阵表示、空格的位置、已经走的步数和估价函数值。encode 函数将当前状态压缩为一个数字，用于判断状态是否被访问过。check 函数判断当前位置是否越界。print_ans 函数用于打印路径。get_h 函数计算启发式函数的值，即曼哈顿距离。在主循环中，将起点状态放入优先级队列，每次取出估价函数最小的状态进行扩展，并更新估价函数的值。如果当前状态为目标状态，则输出路径并退出循环。否则，继续扩展状态，将新状态加入队列等待扩展。

6.2.2　0 – 1 背包问题

0 – 1 背包问题是一个经典的组合优化问题，其目标是在给定的一组物品中选择一些物品，使这些物品的总价值最大，同时总质量不能超过背包的容量。分支限界算法是一种搜索算法，可用于解决 0 – 1 背包问题。

分支限界算法的基本思想是将问题分解为若干子问题，并对每个子问题进行求解，通过限制每个子问题的搜索范围，不断逼近最优解。对于 0 – 1 背包问题，可以考虑对每个物品进行选择或不选择的分支限界搜索。

具体地，可以将物品按照单位质量价值从大到小排序，然后从第一个物品开始进行搜索。对于每个物品，可以选择将其放入背包或不放入背包，然后计算目前已选择物品的总价值和总质量。如果当前的总质量已经超过了背包的容量，那么这个分支就可以被剪枝，不再继续搜索。如果当前的总价值已经超过了当前最优解，那么也可以剪枝。在搜索过程中，维护一个全局最优解的值和对应的物品选择方案。

那么如何找到 0 – 1 背包的每个节点的限界呢？

为了检查一个特定的节点是否能带来一个更好的解决方案，可以使用贪心法计算最佳解决方案（通过该节点）。如果用贪心法计算出的解决方案本身超过了迄今为止的最佳方案，那么就意味着不能通过该节点获得更好的解决方案。

分支限界算法的步骤如下。

（1）按照单位质量的价值比的递减顺序对所有项目进行排序，这样就可以用贪心算法计算出一个上限。

（2）初始化最大价值，即 maxProfit = 0。

（3）创建一个空队列 Q。

（4）创建一个决策树的假节点，并将其排入 Q。

（5）当 Q 不为空时，操作如下。

①从 Q 中提取一个项目，让提取的项目为 u。

②计算下一级节点的利润。如果价值超过了 maxProfit，那么就更新 maxProfit。

③计算下一级节点的边界。如果边界大于 maxProfit，则将下一级节点添加到 Q 中。

④考虑下一级节点不被视为解决方案的一部分的情况，将一个节点添加到 Q 中，级别为下一级，但权重和利润不考虑下一级节点。

0 – 1 背包问题的伪代码如下。

```
struct Node {
```

```
    int level;      //当前考虑的物品的编号
    int value;      //当前已选物品的总价值
    int weight;     //当前已选物品的总质量
    double bound;   //当前节点的价值上界
};

//计算当前节点的价值上界
double bound(Node u, int n, int W, int * w, int * v) {
  if (u.weight >= W) {   //当前质量已经超出了背包容量
      return 0;
  }
    double result = u.value;
    int j = u.level + 1;
    int totWeight = u.weight;
    //贪心选择剩余物品,直到装满背包
    while ((j < n) && (totWeight + w[j] <= W)) {
      totWeight += w[j];
      result += v[j];
      j ++;
    }
    if (j < n) {   //装满背包
        result += (W - totWeight) * v[j] /w[j];
    }
    return result;
}


int knapsack(int n, int W, int * w, int * v) {
    Node u, v;
    std::priority_queue <Node> Q;   //定义优先队列
    u.level = -1;   //根节点不考虑任何物品,故将 level 设为 -1
    u.value = u.weight = 0;
    u.bound = bound(u, n, W, w, v);
    Q.push(u);
    int maxValue = 0;
    while (! Q.empty()) {
      u = Q.top();
      Q.pop();
      if (u.bound > maxValue) {
          v.level = u.level + 1;
          v.weight = u.weight + w[v.level];
          v.value = u.value + v[v.level];
          if (v.weight <= W && v.value > maxValue) {
              maxValue = v.value;
          }
          v.bound = bound(v, n, W, w, v);
          if (v.bound > maxValue) {
              Q.push(v);
          }
          //不选择当前物品,直接跳到下一个物品
          v.weight = u.weight;
          v.value = u.value;
```

```
        v.bound = bound(v, n, W, w, v);
        if (v.bound > maxValue) {
            Q.push(v);
        }
    }
}
    return maxValue;
}
```

上述代码中定义了一个 Node 结构体表示搜索树中的节点，bound 函数用于计算节点的上界，knapsack 函数是主函数，使用优先队列来保存搜索树的节点，并不断弹出优先队列中的节点进行扩展，直到找到最优解或搜索完所有节点。

分支限界算法的时间复杂度取决于搜索树的大小。在最坏的情况下，搜索树的大小可以达到 2^n，因此该算法的时间复杂度是指数级别的。

然而，在实际问题中，由于要进行价值上界的计算和优先队列的维护，所以该算法的搜索树要比暴力搜索算法小得多。因此，分支限界算法的平均时间复杂度要比暴力搜索算法更优秀，但仍然是指数级别的。

在空间复杂度方面，分支限界算法需要维护一个优先队列，其大小取决于搜索树的大小，因此其空间复杂度也是指数级别的。

总地来说，在实际问题中，分支限界算法由于其相比于暴力搜索算法的剪枝效果好，所以它可以在很短的时间内得到可接受的解。

6.2.3 旅行商问题

旅行商问题是计算机科学领域中的一个经典问题，属于 NP 完全问题。该问题的基本形式为：给定一个地图，其中有若干城市，旅行商需要从起点出发，经过每个城市且恰好经过一次，最终回到起点，求出长度最短的路径。

旅行商问题的形式化定义如下。

给定 n 个点（城市）和每两个点之间的距离，寻找一条起点和终点相同的回路，经过每个点恰好一次，使路径长度最短。

可以看出，旅行商问题是一个经典的组合优化问题，因为对于 n 个点，可以有 $n!$ 种排列方式，需要对所有排列方式进行比较才能得出最短路径（图 6 – 3）。

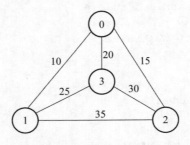

图 6 – 3 旅行商问题示例

例如，考虑图 6 – 3 所示的图形。图中的一条路径是 0 – 1 – 3 – 2 – 0。该路径的成本为 $10 + 25 + 30 + 15 = 80$。

在分支限界算法中，对于树上的当前节点，计算出一个最佳可能的解决方案，假设选择这个节点，可以得到一个限界值。如果最佳方案本身的约束比当前的最佳方案（到目前为止计算出的最佳方案）差，那么就忽略以该节点为根的子树。

注意，通过一个节点的代价包括两种。

（1）从根部到达节点的代价（当到达一个节点时，已经计算了这个代价）。

（2）从当前节点到达一个叶子节点的代价（计算这个代价的边界值，以决定是否忽略有这个节点的子树）。

在最大化问题的情况下，上界意味着沿着给定的节点可能解决方案的最大值。例如，在 0 – 1 背包问题中，使用贪心算法来寻找上界。

在最小化问题的情况下，下界意味着沿着给定的节点可能解决方案的最小值。

在分支限界算法中，重要的是找出一种方法来计算最佳可能解决方案的限界。

下面是一种用于计算旅行商问题的下界的方法。

任何路径的代价都可以写成：

$$T = (1/2) \times \sum (\text{与 } u \text{ 相邻的两条最小代价边的代价之和}) (u \in V)$$

由于对于每个顶点 u，考虑通过它的两条边，所以总和是实际代价的 2 倍（每条边计算了 2 次。）

例如，考虑图 6 – 3 所示的图形。表 6 – 1 所示为与每个节点相邻的最小代价边。

表 6 – 1　与每个节点相邻的最小代价边

节点	最小代价边	总代价
0	(0, 1), (0, 2)	25
1	(0, 1), (1, 3)	35
2	(0, 2), (2, 3)	45
3	(0, 3), (1, 3)	45

因此，任何路径的成本的下界 $= 1/2(25 + 35 + 45 + 45) = 75$。

旅行商问题的分支限界算法的实现如下。

```
function TSP(n, d)
    //n 表示城市数量,d[i][j]表示从城市 i 到城市 j 的距离
    Q = new priority queue
    Q.push((0, {1}))
    minCost = inf

    while not Q.empty() do
        (x, S) = Q.pop()

        if length(S) == n then
```

```
                    x += d[last(S)][1] //从最后一个城市回到起点
                    minCost = min(minCost, x)
           else
                    for i = 1 to n do
                        if i not in S then
                            Q.push((x + d[last(S)][i], S ∪ {i}))

        return minCost
```

分支限界算法在最坏的情况下的复杂度与暴力搜索算法的复杂度是一样的，因为在最坏的情况下，可能永远没有机会修剪一个节点。然而，在实践中，分支限界算法一般表现非常好，这主要取决于旅行商问题的不同实例。复杂度还取决于边界函数的选择，因为它决定了要修剪多少个节点。

6.2.4　工作分配问题

设有 N 个工人和 N 个工作。任何工人都可以被分配去做任何工作，但会产生一些成本，这些成本可能因工作分配的不同而不同。要求通过为每项工作恰好分配一名工人的方式来执行所有工作，以使分配的总成本最低。

首先探讨解决工作分配问题的可行方法。

解决方案 1：暴力搜索算法。

产生 n 个可能的工作分配，对于每个分配，计算其总成本并返回较便宜的分配。由于解决方案是 n 个工作的排列组合，所以其复杂度为 $O(n!)$。

解决方案 2：状态空间树上的深度优先搜索/广度优先搜索

状态空间树是一棵 N 次方的树，它的特性是，从根到叶子节点的任何路径都拥有给定问题的许多解决方案之一。可以在状态空间树上进行深度优先搜索，但连续的移动会导致远离目标，而不是接近目标。无论初始状态如何，状态空间树的搜索都是按照从根开始的最左路径进行的。在这种方法中，答案节点可能永远不会被发现。也可以对状态空间树进行广度优先搜索。但无论初始状态是什么，该算法都会像深度优先搜索一样尝试相同的移动序列。

解决方案 3：分支限界算法。

深度优先搜索和广度优先搜索中下一个节点的选择规则是"盲目的"。也就是说，选择规则不会优先考虑那些有很大机会使搜索快速到达答案节点的节点。通过使用"智能"排名函数（也称为近似代价函数）来避免在不包含最优解的子树中搜索，通常可以加快对最优解的搜索速度。它类似广度优先搜索，但不是按照先进先出的顺序，而是选择一个代价最低的活节点。它可能无法通过跟踪代价最低的节点获得最优解，但它将提供非常好的机会，使搜索迅速到达答案节点。

有两种方法来计算代价函数。

（1）对于每个工人，从未分配的工作列表中选择成本最低的工作（从每一行中取最小的条目）。

（2）对于每个工作，从未分配的工作列表中选择一个成本最低的工作（从每一列中取最小的条目）。

下面采用第（1）种方法。

通过一个具体的例子，尝试计算当工作 2 被分配给工人 A 时的成本（图 6-4）。

	工作1	工作2	工作3	工作4
A	9	2	7	8
B	6	4	3	7
C	5	8	1	8
D	7	6	9	4

图 6-4　示例（1）

由于工作 2 被分配给工人 A（标为绿色），成本变为 2，工作 2 和工人 A 变得不可用（标为红色）（图 6-5）。

	工作1	工作2	工作3	工作4
A	9	2	7	8
B	6	4	3	7
C	5	8	1	8
D	7	6	9	4

图 6-5　示例（2）

现在把工作 3 分配给工人 B，因为它在未分配的工作列表中成本最低。成本变为 2 + 3 = 5，工作 3 和工人 B 也变得不可用（图 6-6）。

	工作1	工作2	工作3	工作4
A	9	2	7	8
B	6	4	3	7
C	5	8	1	8
D	7	6	9	4

图 6-6　示例（3）

最后，工作 1 被分配给工人 C，因为它在未分配的工作中成本最低，工作 4 被分配给工人 C，因为它是唯一剩下的工作。总成本变为 2 + 3 + 5 + 4 = 14（图 6-7）。

	工作1	工作2	工作3	工作4
A	9	2	7	8
B	6	4	3	7
C	5	8	1	8
D	7	6	9	4

图 6-7　示例（4）

分支限界算法的实现如下。

```cpp
#include <iostream>
#include <algorithm>
#include <queue>
#include <vector>
```

```cpp
#include <cstring>
using namespace std;
const int N = 20;
int n; //工人和工作的数量
int cost[N][N]; //成本矩阵
bool used[N]; //标记某个工人是否已经被分配过
int ans = INT_MAX; //记录最低总成本

//分支限界算法中的状态类
class State {
public:
    int level; //当前的搜索深度
    int worker; //当前工作被分配给了哪个工人
    int cost; //当前的总成本
    bool used[N]; //标记某个工人是否已经被分配过
    State(int l, int w, int c, bool u[N]) : level(l), worker(w), cost(c) {
        memcpy(used, u, sizeof(used));
    }
};
//优先队列中的比较函数
struct cmp {
    bool operator()(const State& s1, const State& s2) {
        return s1.cost > s2.cost;
    }
};

//分支限界算法函数
void branchAndBound() {
    //用优先队列维护状态集合,每次取出当前成本最低的状态进行扩展
    priority_queue<State, vector<State>, cmp> pq;
    //初始化状态集合,将每个工人都视为可以做所有工作的候选者
    for (int i = 0; i < n; i++) {
        pq.push(State(0, i, 0, used));
    }
    //开始搜索
    while (!pq.empty()) {
        State s = pq.top();
        pq.pop();
        //如果当前状态的成本已经超过了已知的最低总成本,直接舍弃该状态
        if (s.cost >= ans) continue;
        //如果当前状态已经是叶子节点,则更新最低总成本
        if (s.level == n) {
            ans = s.cost;
            continue;
        }
        //扩展当前状态,分别尝试将下一个工作分配给每个可用的工人
        for (int i = 0; i < n; i++) {
            if (!s.used[i]) {
                //构造新状态,并计算新状态的总成本
                bool u[N];
                memcpy(u, s.used, sizeof(u));
```

```
                    u[i] = true;
                    int c = s.cost + cost[s.worker][i];
                    pq.push(State(s.level + 1, i, c, u));
                }
            }
        }
    }
}

int main() {
    cin >> n;

    //输入成本矩阵
    for (int i = 0; i < n; i ++) {
        for (int j = 0; j < n; j ++) {
            cin >> cost[i][j];
        }
    }
    //运行分支限界算法
    branchAndBound();
    //输出最低总成本
    cout << ans << endl;
    return 0;
}
```

6.3　回溯算法与分支限界算法的比较

回溯算法和分支限界算法是两种解空间搜索技术，可以看作有组织穷举搜索，对于一些解空间比较大的问题能够明显提高搜索效率。两者的对比见表 6 – 2。

表 6 – 2　回溯算法与分支限界算法的对比

算法	解空间树搜索方式	存储节点的常用数据结构	节点存储特性	常用应用
回溯算法	深度优先搜索	堆、栈	活节点的所有可行子节点	找出满足约束条件的所有解
分支限界算法	广度优先或最小耗费优先搜索	队列、优先队列	每个节点只有一次成为活节点的机会	找出满足约束条件的一个解或特定意义下的最优解

6.4　本章小结

分支限界算法是一种强大的算法，适用于求解优化问题。它通过划分解空间和优先级搜索，可以高效地找到最优解或接近最优解。分支限界算法的关键在于界限函数的设计，通过合理选择界限函数可以提高分支限界算法的效率和准确性。

在实际应用中，可以根据问题的特点和要求进行一些优化和改进，以提高分支限界算法的性能。此外，分支限界算法还可以与其他算法和技术结合使用，形成更强大的求解方法。

分支限界算法是算法设计与分析的重要内容，掌握这一算法对于解决优化问题具有重要意义。通过深入理解和实践，可以更好地应用分支限界算法解决实际问题，并在算法设计领域取得更好的成果。

6.5　习题

1. 编写程序，读取一个字典和一些短语。根据字典将给定的短语构成变位词。由短语生成变位词时，程序能够判断这些变位词能否在字典中找到。变位词不能与原有的单词相同。如果找不到变位词则什么都不输出（包括空行）。

输入由两部分组成：第一部分是字典，第二部分是需要构成变位词的短语。每个部分都有一个"#"表示结束。字典是按字母序的，不超过 2 000 个单词。每行有一个单词。全部输入数据都是大写字母，字典和短语都不超过 20 个字母。

不假定语言（可以不是英语词语）。

输出由若干行组成。其中，每行由原来的短语、空格、等号" ="、空格、由短语构成的变位词（中间由空格分隔）组成。这些单词按字母序排列。

注：变位词即改变某个词或短语的字母顺序后构成的新词或新短语。

2. 木匠需要切割出给定长度的木料，但原料木材的长度是固定的，因此需要确定如何利用现有木材的长度才能最节约成本。木材公司不退还切割剩料，也就是说如果一根 12 英尺①长的木板只用 1 英尺还不如全部用完。

输入：每行输入数据为一次切割任务，格式如下：

< board_length > < saw_width > < part1_length > < part2_length > …

其中，< board_length >是原料木材的长度；< saw_width >是锯的宽度，即每次切割时产生木屑的宽度；其余部分是要切割的木料长度，按升序排列。

输入数字都是正整数（具体长度自由设定）；原料木材长度不超过 30 000 单位，锯的宽度不超过 1 000 单位，木料的长度不超过 9 999 单位；锯的宽度小于最小木料长度；每个木料长度小于等于原料木板长度；木料的个数不超过 12。

输出：每行输入数据能构成一个有效的切割任务，即能够有一个输出。

对于每一行输入，输出如下：

空行

---

① 1 英尺 = 0. 304 8 米。

木板的长度

锯的宽度

该任务所需木板的数量（每个任务所需的木板数量应尽可能小）

例如：一个 1 000 单位的木板切割成长度为 250 单位、650 单位的两根木料，切割一次，产生 100 单位的木屑，没有剩料。一个 1 000 单位的木板切割成长度为 250 单位、500 单位的两根木料，切割两次，产生 200 单位的木屑、50 单位的剩料。

3. 学生麦克是一个篮球迷，喜欢收集篮球海报，但是麦克的零用钱常常不够购买新海报，因此有时他会和朋友们交换他喜欢的海报。交换海报需要等值交换，但是不同的海报价格不同，因此为了交换一张 10 美元的海报，需要 2 张 5 美元的海报或 3 张 3 美元的海报再加一张 1 美元的海报。能否交换成功取决是否拥有等值的海报类型和数量。

给定麦克想要的海报价格和他所拥有的海报及价格，麦克想知道交换新海报有多少种方式。请帮助麦克找出答案。

输入：本题包含多组测试用例，以 EOF 结束。测试用例之之间为一个空行。

对于每个测试用例，第一行是两个整数 n 和 m，分别表示想要的海报的价格和麦克拥有的不同类型海报的数量。n 是一个整数，范围是 1～10。

接下来的 m 行是麦克拥有的不同类型的海报信息：每行有 2 个整数 val 和 num，分别表示各种海报的价格以及数量。

注意：不同类型的海报具有不同的价格，val 和 num 是大于零的整数。

输出：对于每个测试用例，输出一行：麦克想要换取新海报有多少种方式。输出是一个整数值。

在测试用例之间输出一个空格。

4. 有 N 个城市，编号为 1～N。城市之间有 R 条单向道路，每条道路连接两个城市，且有长度和过路费两个属性。Bob 只有 K 块钱，他想从城市 1 走到城市 N。问最短需要走多长的路。如果到不了城市 N，则输出 –1。其中，$2 \leqslant N \leqslant 100$；$0 \leqslant K \leqslant 10\ 000$；$1 \leqslant R \leqslant 10\ 000$；每条道路的长度为 L，$1 \leqslant L \leqslant 100$；每条道路的过路费为 T，$0 \leqslant T \leqslant 100$。

输入：第一行是 K，第二行是 N，第三行是 R。接下来有 R 行，每行 4 个整数 s，e，L，T，表示从城市 s 到城市 e 有一条单向道路（可以沿该道路从 s 走到 e，但不能沿该道路从 e 走到 s），其长度是 L，过路费是 T。

输出：只有一行，就是问题的答案。

5. 农夫知道一头牛的位置，想要抓住它。农夫和牛都位于数轴上，农夫起始位于点 $N(0 \leqslant N \leqslant 10\ 000)$，牛位于点 $K(0 \leqslant K \leqslant 10\ 000)$。农夫有以下两种移动方式。

（1）从 X 移动到 $X – 1$ 或 $X + 1$，每次移动花费 1 分钟。

（2）从 X 移动到 $2X$，每次移动花费 1 分钟。

假设牛没有意识到农夫的行动，站在原地不动，那么农夫最少要花费多少时间才能抓到牛？

输入：只有一行，包括 N 和 K。

输出：抓到牛要花的最少时间。

第 7 章

随机算法

※章节导读※

随机算法是一种基于概率的算法，其特点是利用随机数生成器产生一定的随机性，从而在概率上得到一定的优化。

【学习重点】

（1）随机算法的核心思想和实现过程。需要理解随机算法的核心思想，即利用随机数生成器产生一定的随机性，从而在概率上得到一定的优化。同时，需要学会如何设计随机算法，包括如何选择合适的随机数生成器、如何进行随机化操作和如何分析算法的正确性和效率。

（2）随机算法的应用场景和实际应用。随机算法在计算机科学、金融、自然语言处理等领域都有广泛的应用，因此需要了解随机算法在这些领域的实际应用情况，以及如何针对具体问题设计随机算法。

（3）随机算法的优化和扩展。在实际应用中，随机算法可能存在一些问题，如随机性不足、误差较大等，因此需要学习如何进行随机算法的优化和扩展，以提高随机算法的效率和性能。

【学习难点】

（1）随机化思想的理解和运用。随机算法的核心思想是随机化思想，因此需要理解如何将随机化思想运用到具体的算法设计中。

（2）随机算法正确性的分析。随机算法的正确性往往需要通过概率分析来证明，因此需要学习如何进行概率分析，以评估随机算法的正确性和可靠性。

（3）随机化算法的复杂度分析。随机算法的时间复杂度往往难以分析，因此需要学习如何进行复杂度分析，以便在实际应用中评估随机算法的性能和效率。

7.1　引言

随机算法是一种基于随机性质的算法，其特点是通过引入随机数或概率分布等随机性因素，来提高算法的效率或解决难题。使用随机算法的主要意义在于优化某些计算问题的效率和实用性。有些计算问题如果采用传统算法来解决，需要进行复杂的计算，计算时间很长，而随机算法可以利用随机数生成器生成一些随机数，利用随机性对计算过程进行加速，从而提高计算速度。有些计算问题的解法不是唯一的，甚至有些问题根本没有确定的解法。这时采用随机算法能够增加问题的解法空间，使算法的正确性得到改进。随机算法可以解决那些无法用确定性算法或传统算法解决的问题，特别适用于那些涉及大规模数据处理、优化问题、搜索问题和最优解问题的应用场景。

7.1.1　随机数生成

随机数生成是随机算法的基础之一。下面介绍伪随机数生成器、真随机数生成器、随机数的分布以及随机算法设计。

1. 伪随机数生成器

伪随机数生成器（Pseudo – Random Number Generator，PRNG）是一种生成看似随机但实际上是由确定性算法产生的数列的算法。这些数列中的数字看起来随机，但是可以根据生成算法的特点进行预测。PRNG 主要应用于模拟、密码学和随机算法等领域。

常见的 PRNG 有线性同余法（LCG）、梅森旋转算法（MT）、基于 SHA 算法的 HMAC_DRBG 等。这些算法的性能取决于它们的种子（seed），也就是 PRNG 的输入参数。PRNG 的一个重要性质是周期性，即 PRNG 产生的随机数会在一定周期后重复。

下面以 LCG 为例，介绍伪随机数的生成过程。

LCG 是一种常用的伪随机数生成算法，可以生成一系列伪随机数。LCG 的基本原理是通过一个线性方程来计算伪随机数序列中的每个数字。

LCG 的公式如下：

$$X(n+1) = (a \times X(n) + c) \bmod m$$

其中，$X(n)$ 是第 n 个伪随机数；a，c，m 是用户指定的参数；mod 表示取模运算。

LCG 的参数需要满足以下条件才能产生高质量的伪随机数序列。

（1）m，a，c 都是正整数。

（2）m 和 c 互质。

（3）$a-1$ 可以被 m 的所有质因数整除。

（4）如果 m 是 4 的倍数，则 $a-1$ 也必须是 4 的倍数。

LCG 生成的伪随机数序列具有周期性，即在运行一定次数之后会重复之前的数列。周期的长度与参数 a，c，m 有关。LCG 生成的伪随机数序列在统计学意义下可以视为随机的，但是由于周期性的存在，如果不恰当地选择参数，会导致伪随机数序列出现明显的规律，从而影响其随机性。因此，在使用 LCG 时，需要根据具体需求合理选择参数，以产生高质量的伪随机数序列。

LCG 的代码如下。

```cpp
#include <iostream>
#include <cstdlib> //包含 srand、rand 函数
#include <ctime> //包含 time 函数
using namespace std;
const int a = 1664525; //LCG 的参数 a
const int c = 1013904223; //LCG 的参数 c
const int m = 2147483648; //LCG 的参数 m
int main() {
    int seed = time(NULL); //使用当前时间作为种子
    srand(seed); //初始化伪随机数种子
    //生成 10 个伪随机数
    for (int i = 0; i < 10; i++) {
        int x = rand(); //生成一个 0 到 RAND_MAX 之间的伪随机数
        int y = (a * x + c) % m; //计算下一个伪随机数
        cout << y << endl; //输出伪随机数
    }
    return 0;
}
```

在上述代码中，使用 time 函数获取当前时间作为伪随机数种子，然后调用 srand 函数初始化伪随机数种子。接着，使用 rand 函数生成一个 0 ~ RAND_MAX 的伪随机数，然后使用计算下一个伪随机数。最后，输出伪随机数，重复上述步骤，生成一定数量的伪随机数。

2. 真随机数生成器

真随机数生成器（True Random Number Generator，TRNG）是一种通过物理过程产生真正的随机数的算法。TRNG 的输出数列是完全随机的、不可预测的，因此具有很高的安全性。TRNG 主要应用于密码学、随机算法和模拟等领域。

常见的 TRNG 设备有放射性同位素、热噪声、量子随机数生成器等。这些设备的随机性来源于物理过程本身的随机性，因此它们的随机性具有不可预测性、完全随机性和不可重复性等特点。

3. 随机数的分布

随机数的分布是指随机数在一定区间内出现的频率分布。常见的随机数分布包括均匀分布、正态分布、泊松分布、指数分布等。

均匀分布是指在一定范围内，每个数字出现的概率相同。正态分布是一种常见的概率分布，描述了许多自然现象的变化。泊松分布用于描述单位时间内某事件发生次数的概率分布。指数分布描述了连续事件之间的时间间隔。

随机算法设计的目标之一是生成合适的随机数分布，使随机算法的性能得到优化。

7.1.2 随机算法设计

随机算法是一种通过随机策略来解决计算问题的算法，它能够提高算法的效率和可靠

性，同时具有广泛的应用。设计随机化算法的主要方法和步骤如下。

（1）随机策略的选择。首先要根据问题的特点和算法的要求选择合适的随机策略。常见的随机策略包括随机排列、随机选择、随机变换等。

（2）随机范围的确定。随机算法的关键在于确定随机范围，即随机策略的具体实现方式。随机范围可以是输入数据的某个子集、算法的某个步骤、算法的某个参数等。

（3）算法正确性的分析。随机算法的正确性是很重要的，需要通过理论分析或者试验验证来保证随机算法的正确性。理论分析可以采用概率分析或期望分析的方法，试验验证可以采用模拟试验或者大量数据试验的方法。

（4）随机算法时间复杂度的分析。随机算法的时间复杂度是衡量随机算法效率的重要指标，需要通过分析随机策略和具体实现方式来确定其时间复杂度。

随机算法的应用非常广泛，包括图像处理、数据挖掘、密码学、网络安全等领域。常见的随机算法包括快速排序算法、随机选择算法、蒙特卡罗（Monte Carlo）算法、拉斯维加斯（Las Vegas）算法等。

7.2　随机算法的经典例题

7.2.1　蒙特卡罗算法

蒙特卡罗算法是一种基于概率统计的数值计算方法，常用于求解难以用解析方法求解的问题。其原理是通过随机抽样的方法来近似估算某个复杂问题的结果。蒙特卡罗算法的典型应用包括计算 π 的值、求解积分、解决优化问题、解决图形学问题等。

下面是蒙特卡罗算法的基本实现步骤和 C++ 代码示例。

（1）定义问题。首先需要明确要求解的问题是什么，以及需要估算的变量或参数是什么。

（2）生成随机样本。随机生成符合问题要求的样本，并对样本进行操作，得出样本的结果。可以根据问题的具体情况来确定如何生成随机样本。

（3）统计样本结果。对样本结果进行统计，并根据统计结果来估算问题的答案。统计方法包括计算平均值、求和等。

（4）重复步骤（2）和步骤（3）。重复生成随机样本和统计样本结果的过程，直到估算结果的误差达到要求或达到预设的迭代次数。

下面是一个用 C++ 代码实现用蒙特卡罗算法计算 π 的值的例子。

```cpp
#include <iostream>
#include <cmath>
#include <random>
using namespace std;
int main() {
    int N = 100000; //样本数量
```

```
int count = 0; //在圆内的样本数量
double r = 1.0; //圆的半径
//随机数生成器
random_device rd;
mt19937 gen(rd());
uniform_real_distribution<double> dis(-r, r);
//生成随机样本
for (int i = 0; i < N; i++) {
        double x = dis(gen);
        double y = dis(gen);
        if (x*x + y*y <= r*r) {
                count++;
        }
}
//统计样本结果
double pi = 4.0 * count /N;
cout << "pi = " << pi << endl;
return 0;
}
```

7.2.2 拉斯维加斯算法

拉斯维加斯算法是一种随机算法，其基本思想是通过引入随机性来避免算法陷入死循环或产生不停机的问题。拉斯维加斯算法不保证一定能得到正确的结果，但是它能保证在有限的时间内一定会停机并输出一个结果。其典型应用包括随机快速排序、求解线性方程组等。

拉斯维加斯算法的示例代码如下。

```
#include <iostream>
#include <random>
#include <chrono>
using namespace std;
int partition(int arr[], int low, int high) {
    int pivot = arr[high];
    int i = (low - 1);
    for (int j = low; j <= high - 1; j++) {
        if (arr[j] < pivot) {
            i++;
            swap(arr[i], arr[j]);
        }
    }
    swap(arr[i + 1], arr[high]);
    return (i + 1);
}

int random_partition(int arr[], int low, int high) {
    unsigned seed = chrono::system_clock::now().time_since_epoch().count();
    mt19937 mt_rand(seed);
    int random = low + mt_rand() % (high - low);
    swap(arr[random], arr[high]);
```

```cpp
        return partition(arr, low, high);
}

int quick_select(int arr[], int low, int high, int k) {
    if (k > 0 && k <= high - low + 1) {
        int pos = random_partition(arr, low, high);
        if (pos - low == k - 1) {
            return arr[pos];
        } else if (pos - low > k - 1) {
            return quick_select(arr, low, pos - 1, k);
        } else {
            return quick_select(arr, pos + 1, high, k - pos + low - 1);
        }
    }
    return INT_MAX;
}

int main() {
    int arr[] = {10, 7, 8, 9, 1, 5};
    int n = sizeof(arr) / sizeof(arr[0]);
    int k = 3;
    int result = quick_select(arr, 0, n - 1, k);
    if (result != INT_MAX) {
        cout << "The " << k << "th smallest element is " << result << endl;
    } else {
        cout << "Invalid input." << endl;
    }
    return 0;
}
```

7.2.3 随机选择算法

随机算法是一种利用随机性来提高算法效率的方法。其主要思想是在算法执行的过程中引入一些随机选择或随机变换等操作,从而达到提高算法效率的目的。其典型应用包括随机快速排序算法、随机选择算法、概率型算法等。

下面是一个用 C ++ 代码实现随机选择算法的示例。

```cpp
#include < iostream >
#include < random > //引入随机数据库
#include < chrono > //引入时间库
using namespace std;

int partition(int arr[], int low, int high) {
    int pivot = arr[high];
    int i = low - 1;
    for (int j = low; j < high; j ++) {
        if (arr[j] < pivot) {
            i ++;
            swap(arr[i], arr[j]);
        }
```

```
        }
        swap(arr[i + 1], arr[high]);
        return i + 1;
    }

    //随机选择一个元素作为划分的枢纽元
    int random_partition(int arr[], int low, int high) {
        unsigned seed = chrono::system_clock::now().time_since_epoch().count();
        mt19937 mt_rand(seed); //创建一个随机数引擎
        int random = low + mt_rand() % (high - low + 1); //生成一个随机数
        swap(arr[random], arr[high]); //将随机选择的元素交换到数组末尾
        return partition(arr, low, high); //调用 partition 函数进行划分
    }

    int randomized_select(int arr[], int low, int high, int k) {
        if (low == high) {
            return arr[low];
        }
        int q = random_partition(arr, low, high);
        int left_length = q - low + 1;
        if (k == left_length) {
            return arr[q];
        } else if (k < left_length) {
            return randomized_select(arr, low, q - 1, k);
        } else {
            return randomized_select(arr, q + 1, high, k - left_length);
        }
    }

    int main() {
        int arr[] = {3, 7, 2, 8, 4, 5};
        int n = sizeof(arr) / sizeof(arr[0]);
        int k = 3;
        int result = randomized_select(arr, 0, n - 1, k);
        cout << "The " << k << "th smallest element is " << result << endl;
        return 0;
    }
```

在这个示例中，实现了一个随机选择算法，用于查找数组中第 k 小的元素。该算法的核心是随机选择一个元素作为划分的枢纽元，避免了最坏的情况发生，从而保证了算法的效率。

在函数 random_partition 中，使用 C ++ 标准库提供的 mt19937 随机数引擎，生成一个种子并用于生成随机数，然后随机选择一个元素，交换到数组末尾，并调用 partition 函数进行划分。

在函数 randomized_select 中，首先判断数组是否只有一个元素，如果是，则直接返回该元素，否则，随机选择一个枢纽元进行划分，并计算出划分后左边部分的长度 left_length。如果 k 恰好等于 left_length，则找到了第 k 小的元素，直接返回该元素即可。如果 k 小于 left_length，则在左边部分递归查找第 k 小的元素。如果 k 大于 left_length，则在右

边部分递归查找第 $k-$left_length 小的元素。最后，在主函数中，定义了一个数组 arr，并调用 randomized_select 函数查找第 3 小的元素，并将结果输出到控制台。

需要注意的是，由于随机算法引入了随机性，所以每次运行的结果可能不同。但是，随机算法通常可以保证在平均情况下具有良好的时间复杂度和空间复杂度。

7.2.4　费马随机算法

费马随机算法（Fermat primality test）是一种求解二元不定方程的随机算法。该算法利用费马小定理，通过随机选取一个数来判断该数是否是质数，如果不是，则求解其因子，即对于任意质数 p 和不整除 p 的整数 a，有 $a^{p-1}\equiv 1(\bmod p)$。

费马随机算法的基本思想是：对于一个待判断的数 n，在 $[1, n-1]$ 中随机选择一个 a，计算 $a^{n-1}\bmod n$，如果结果不等于 1，则 n 不是质数，否则 n 可能是质数。

需要注意的是，费马随机算法并不能保证 n 是质数，只能给出一个概率判断。如果进行 k 次随机测试都通过，则可以认为 n 是质数的概率为 $1-1/2^{k}$。通常选择 $k=10$ 即可。

下面是一个用 C++ 代码实现费马随机算法的示例。

```cpp
#include <iostream>
#include <random> //引入随机数据库
#include <chrono> //引入时间库
using namespace std;

//计算 a^b mod c
long long pow_mod(long long a, long long b, long long c) {
    long long res = 1;
    a %= c;
    while (b > 0) {
        if (b & 1) {
            res = res * a % c;
        }
        a = a * a % c;
        b >>= 1;
    }
    return res;
}

//判断 n 是否为质数
bool is_prime(long long n) {
    if (n == 2) {
        return true;
    }
    if (n < 2 || n % 2 == 0) {
        return false;
    }
    unsigned seed = chrono::system_clock::now().time_since_epoch().count();
    mt19937 mt_rand(seed); //创建一个随机数引擎
    for (int i = 0; i < 10; i++) { //进行 10 次随机测试
        long long a = 2 + mt_rand() % (n - 2); //生成一个随机数
```

```
            if (pow_mod(a, n - 1, n) != 1) { //判断是否为质数
                return false;
            }
        }
    return true;
    }

int main() {
    long long n = 12345678901234567;
    if (is_prime(n)) {
        cout << n << " is a prime number" << endl;
    } else {
        cout << n << " is not a prime number" << endl;
    }
    return 0;
}
```

在这个示例中，可以对 n 进行多次随机测试，如果有任意一次测试不通过，则可以判定 n 不是质数，否则可以认为 n 是质数（虽然不能百分之百确定，但概率非常大）。该算法的时间复杂度为 $O(k \log n)$，其中 k 是随机测试次数。费马随机算法的时间复杂度与输入数值的大小有关，但是相对于传统的试除法求解质因数，它具有更好的时间复杂度和实际应用价值。

7.3　本章小结

本章介绍了随机算法，这是一种基于随机性的算法设计和分析方法。随机算法在解决一些问题时能够提供简洁、高效的解决方案，并且具有一些独特的特性。

随机算法是算法设计与分析中的重要内容，对于解决一些复杂问题和优化问题具有重要意义。通过深入理解随机算法的原理和应用，可以更好地应用随机算法解决实际问题，并在算法设计领域取得更好的成果。

在实际应用中，随机算法常与其他算法和技术结合使用，形成更强大的求解方法。同时，随机算法的设计也需要考虑算法的效率和可靠性，以及对随机性的合理控制。

7.4　习题

1. 假设有 n 个人，每个人都有一个唯一的编号。他们以随机顺序进入一个房间，一旦一个人离开，他就不能再回到房间里。设计一个随机算法，使每个人以相等的概率离开房间。

输入格式：一个长度为 n 的编号数组，表示每个人的编号。

输出格式：每个人离开房间的顺序。

2. 有一个长度为 n 的数组，包含 1 到 $n-1$ 之间的整数。其中可能有一些数字重复出现，也可能有一些数字没有出现。设计一个随机算法，以概率 $1/n$ 找到数组中缺失的数字。

输入格式：一个长度为 $n-1$ 的整数数组，表示 1 到 $n-1$ 中缺失的数字。

输出格式：缺失的数字。

3. 假设有两个长度相等的数组 A 和 B，它们都包含 n 个元素。设计一个随机算法，以概率 $1/n$ 从 A 和 B 中同时找到一个相同的元素。提示：可以使用哈希表来解决问题。

输入格式：两个长度为 n 的整数数组 A 和 B，表示要查找的元素。

输出格式：A 和 B 中相同的元素，如果没有则返回 null。

4. 设计一个随机算法，以概率 $1/2$ 计算 n 个数的中位数。提示：可以使用快速排序算法的思想。

输入格式：一个长度为 n 的整数数组，表示要查找的中位数。

输出格式：数组的中位数。

5. 某次选举中，有 3 名候选人 A，B，C，他们的得票数分别为 x，y，z。现在，需要通过一个随机算法来模拟这场选举的投票过程，使每个候选人获胜的概率与他们的得票数成比例。设计一个随机算法，并计算出在以下样例中，每个候选人获胜的概率。

输入格式：第一行包含 3 个整数 x，y，z，表示 3 名候选人的得票数。

输出格式：一行 3 个实数，表示 3 名候选人获胜的概率。

输入样例：

100 200 300

输出样例：

0. 1 0. 2 0. 3

6. 给定一个长度为 n 的数组 a，现在需要从中随机选择 2 个不同的元素，并将它们交换位置。设计一个随机算法，并计算出在以下样例中交换得到的数组 a 的期望值。

输入格式：第一行包含一个整数 n，表示数组 a 的长度。第二行包含 n 个整数，表示数组 a 中的元素。

输出格式：一行一个实数，表示交换得到的数组 a 的期望值。

输入样例：

4 1 2 3 4

输出样例：

1 2 4 3 2. 5

7. 给定一个正整数 n，需要构造一个长度为 n 的 0 1 序列，使它的最长连续子序列中 0 和 1 的个数相同。设计一个随机算法，并计算出在以下样例中，构造得到的 0 1 序列的期望长度。

输入格式：一个正整数 n，表示要构造的 0 1 序列的长度。

输出格式：一行一个实数，表示构造得到的 0 1 序列的期望长度。

输入样例：

4

输出样例:

2

8. 现在，有一个长度为 n 的 0 1 序列 a，需要随机选择它的一个子串，使这个子串中 0 和 1 的个数相同。设计一个随机算法，计算出在以下样例中选择的子串的期望长度。

输入格式：第一行包含一个整数 n，表示序列 a 的长度。第二行包含 n 个 0 或 1，表示序列 a 中的元素。

输出格式：一行一个实数，表示选择的子串的期望长度。

输入样例:

5 1 0 1 0 1

输出样例:

3

9. 有一个长度为 n 的 0 1 序列 a，需要随机选择它的两个子串，并将这两个子串拼接起来，形成一个新的 0 1 序列 b。设计一个随机算法，计算出在以下样例中构造得到的 0 1 序列 b 的期望长度。

输入格式：第一行包含一个整数 n，表示序列 a 的长度。第二行包含 n 个 0 或 1，表示序列 a 中的元素。

输出格式：一行一个实数，表示构造得到的 0 1 序列 b 的期望长度。

输入样例:

5 1 0 1 0 1

输出样例:

4

10. 有一个长度为 n 的 0 1 序列 a，需要随机选择它的一个子串，并将其中的所有 0 变成 1，将其中的所有 1 变成 0，形成一个新的 0 1 序列 b。设计一个随机算法，计算出在以下样例中构造得到的 0 1 序列 b 的期望长度。

输入格式：第一行包含一个整数 n，表示序列 a 的长度。第二行包含 n 个 0 或 1，表示序列 a 中的元素。

输出格式：一行一个实数，表示构造得到的 0 1 序列 b 的期望长度。

输入样例:

5 1 0 1 0 1

输出样例:

2

第 **8** 章

算法竞赛实战训练

8.1 基础篇

1. 题目描述：最小正子段和

N 个整数组成的序列 $a[1],a[2],a[3],\cdots,a[n]$，从中选出一个子序列（$a[i],a[i+1],\cdots,a[j]$），使这个子序列的和大于 0，并且这个和是所有和大于 0 的子序列中最小的。

例如：序列 4，-1，5，-2，-1，2，6，-2。-1，5，-2，-1 的和为 1，是最小的。

输入格式：

第 1 行：整数序列的长度 $N(2 \leqslant N \leqslant 50\,000)$。

第 $2 - N + 1$ 行：N 个整数。

输出格式：

最小正子段和。

输入样例：

8

4

-1

5

-2

-1

2

6

　−2

输出样例：

1

基准时间限制：1 秒；空间限制：131 072 KB。

代码：

```
================================================================
#include <bits/stdc++.h>
using namespace std;
typedef long long ll;
const int maxn = 1e6 +100;
const ll inf =1e18;
ll sum[maxn],n;
set <ll>q;
int main()
{
    scanf("%lld",&n);
    for(int i =1;i <=n;i ++)scanf("%lld",sum +i);
    q.insert(0);
    ll ans = inf;
    for(int i =1;i <=n;i ++)
    {
        sum[i] += sum[i -1];
        q.insert(sum[i]);
        set <ll>::iterator it;
        it =q.find(sum[i]);
        if(it! =q.begin())
        {
            ll t = sum[i] - *( --it);
            if(t >0)ans =min(ans,t);
        }
    }
    printf("%lld \n",ans);
    return 0;
}
********************************************************
```

2. 问题描述：砝码称重

现在有好多种砝码，它们的质量是 w_0，w_1，w_2，…每种各一个。问用这些砝码能不能表示一个质量为 m 的物体？

样例解释：可以将物体放到一个托盘中，将砝码放到另外一个托盘中。

输入格式：

单组测试数据。

第一行有两个整数 w，$m(2 \leqslant w \leqslant 10^9, 1 \leqslant m \leqslant 10^9)$。

输出格式：

如果能表示，则输出"YES"，否则输出"NO"。

输入样例：

3 7

输出样例：

YES

基准时间限制：1 秒；空间限制：131 072 KB。

题解：

将所有砝码质量看成 w 进制数，则多个砝码的质量和为 1，0 组成的 w 进制数。而本题可将问题转换成 m 是否可以表示成两个由 0，1 组成的 w 进制数的差。

两个 0，1 组成的数相差只有下面 4 种情况。

$0-0=0$，$1-0=1$，$0-1=w-1$（向高位错一位），$1-1=0$。

（注：每个砝码只有一个，故 0，1 组成的数中每一位只有一个为 1，另一个为 0，例如 1010，0101。）

代码：

```
================================================================
#include < bits/stdc ++ .h >
using namespace std;
int w,m;
int main()
{
    scanf("% d% d",&w,&m);
    while(m){
        if(m% w ==1 |m% w ==0)m=m/w; //上述情况2,1,4
        else if(m% w ==w-1)m=m/w+1;//上述情况3
        else {puts("NO");return 0;}
    }
    puts("YES");
    return 0;
}
**********************************************************
```

3. 题目描述：字符串

一个字符串 t 是半回文串的条件是，对于所有的奇数 $i(1\leqslant i\leqslant \frac{|t|+1}{2})$，$t_i=t_{|t|-i+1}$ 始终成立，$|t|$ 表示字符串 t 的长度。下标从 1 开始。例如"abaa"，"a"，"bb"，"abbbaa"都是半回文串，而"ab"，"bba"和"aaabaa"则不是半回文串。

现在有一个字符串 s，只由小写字母 a，b 构成，还有一个数字 k。要求找出 s 的半回文子串中字典序排在第 k 位的串，字符串内容可以一样，只要所在的位置不同就是不一样的串。

样例解释：

这个样例中半回文子串是 a，a，a，a，aa，aba，abaa，abba，abbabaa，b，b，b，b，baab，bab，bb，bbab，bbabaab（按照字典序排序）。

输入格式：

单组测试数据。

第一行有一个字符串 $s(1 \leqslant |s| \leqslant 5\,000)$，只包含 'a' 和 'b'，$|s|$ 表示 s 的长度。

第二行有一个正整数 k。k 不超过 s 子串中半回文子串的总数目。

输出格式：

排在第 k 位的半回文子串。

输入样例：

abbabaab

7

输出样例：

abaa

基准时间限制：1 秒；空间限制：262 144 KB。

题解：先对整个序列进行预处理，数组 dp 用于处理该字符串，标记所有半回文子串。

题目分类：字典树、动态规划。

代码：

```
================================================================
#include <bits/stdc++.h>
using namespace std;
const int MAXN = 5e3 + 5;
const int MAXM = 2;
char s[MAXN];
int k,n,l,r;
int vis[MAXN];
bool dp[MAXN][MAXN];
string ans;
struct Tree
{
    int val;
    Tree *next[MAXM];
    Tree()
    {
        val = 0;
        memset(next, 0, sizeof next);
    }
} *tree_head;

void init()
{
    tree_head = new Tree();
    n = (int)strlen(s);
    memset(dp, false, sizeof dp);
    for (int i = n - 1; i >= 0; --i)
    {
        dp[i][i] = true;
        vis[i] = i;
```

```
            for (int j = i + 1; j < n; ++j)
            {
                    if (s[i] == s[j])
                    {
                        if (i + 2 >= j - 2)
                        {
                                dp[i][j] = true;
                        }
                        else
                        {
                                dp[i][j] = dp[i + 2][j - 2];
                        }
                    }
                    if (dp[i][j])
                    {
                        vis[i] = j;
                    }
            }
    }
}
void insert_tree(Tree *ptemp, char *s)
{
    if (*s == '\0')
    {
        return;
    }
    if (r > vis[l])
    {
        return;
    }
    int c = *s - 'a';
    if (ptemp->next[c] == NULL)
    {
        ptemp->next[c] = new Tree();
    }
    if (dp[l][r])
    {
        ptemp->next[c]->val++;
    }
    r++;
    insert_tree(ptemp->next[c], s + 1);
}
void dfs(Tree *ptemp)
{
    string temp = ans;
    if(k > 0 && ptemp->next[0])
    {
        k -= ptemp->next[0]->val;
        ans = ans + 'a';
        dfs(ptemp->next[0]);
    }
```

```
        if(k > 0 && ptemp - >next[1])
        {
                ans = temp;
                k -= ptemp - >next[1] - >val;
                ans = ans + 'b';
                dfs(ptemp - >next[1]);
        }
}
void solve()
{
        scanf("% s % d",s, &k);
        init();
        for (int i = 0; i < n; ++i)
        {
                l = r = i;
                insert_tree(tree_head, s + i);
        }
        dfs(tree_head);
        cout << ans << endl;
}
int main()
{
        solve();
        return 0;
}
```

****

4. 题目描述：植物

小矮人种植了一种非常有趣的植物，它是一棵指向"向上"的三角形。这种植物有一个有趣的特征。一年后，一棵三角形的植物"向上"分为4棵三角形植物，其中3棵指向"向上"，一棵指向"向下"。再过一年，每棵三角形植物分成4棵三角形植物，其中3棵与母株的方向相同，其中一棵指向相反的方向。每年重复这个过程。

请帮助矮人们找出在 N 年内有多少指向"向上"的三角形植物。

输入格式：

N(整数,$0 \leqslant N \leqslant 1\ 018$) – 植物生长的完整年份

输出格式：

一个整数，表示 $\dfrac{10^9 + 7}{N}$ 的余数。

输入样例：

1

输出样例：

3

基准时间限制：2 秒；空间限制：256 MB。

题解：使用矩阵快速幂，递推关系式为 $a_n = 2 \times a_{n-1} + 4^{n-2}$，然后退出矩阵即可。

题目分类：矩阵快速幂。

代码：

```
================================================================
#include < iostream >
#include < cstring >
#include < algorithm >
#include < stdio.h >
using namespace std;
typedef long long ll;
const ll mod = 1000000007;
ll mod_pow(ll x,ll n)
{
    ll res =1;
    while(n >0)
    {
        if(n&1)res = res * x% mod;
        x = x * x% mod;
        n >>=1;
    }
    return res;
}
typedef struct node{
    ll edge[3][3];
}Matrix;
ll n,m =10000;
Matrix mz,ant,h;
void Mult(Matrix &a,Matrix &b,Matrix &c)
{
    int i,j,k;
    memset(h.edge,0,sizeof(h.edge));
    for(i =0;i <2;i ++ )
        for(j =0;j <2;j ++ )
        for(k =0;k <2;k ++ )
    {
        h.edge[i][j] +=a.edge[i][k] * b.edge[k][j];
        h.edge[i][j]% =mod;
    }
    for(i =0;i <2;i ++ )for(j =0;j <2;j ++ )c.edge[i][j] =h.edge[i][j];
}
void KSM(Matrix a,ll k)
{
    while(k >=1)
    {
        if(k&1)Mult(ant,mz,ant);
        Mult(mz,mz,mz);
        k >>=1;
    }
}
int main()
{
    cin >>n;
```

```
            {
                 mz.edge[0][0] =2;
              mz.edge[0][1] =0;
              mz.edge[1][0] =4;
              mz.edge[1][1] =4;
              ant.edge[0][0] =10;
              ant.edge[0][1] =4;
              if(n ==0)cout <<1 <<endl;
              else if(n ==1)cout <<3 <<endl;
              else if(n ==2)cout <<10 <<endl;
              else
              {
                   KSM(ant,n -2);cout << ant.edge[0][0];
              }
          }
     }
     return 0;
}
```

****

5. 题目描述：命名任务

一个火星男孩被命名为 s，他最近从他的父母那里得知这个名字来自他的生日。现在他喜欢到处找他的名字。如果他可以通过去掉零个或多个字母来获得他的名字（其余字母保持不变），他就高兴了。例如，如果 s =" aba"，那么字符串" baobab"，" aabbaa"，" helloabahello"使他非常高兴，而字符串" aab"，" baaa"和" helloabhello"却不能使他高兴。与其高兴一次，不如高兴两次！当他得到一个字符串 t 作为礼物时，他想把它分成两部分（左边部分和右边部分），这样每一部分都使他快乐。

确定将给定字符串 t 分割为两部分的不同方法的数量。

输入格式：

第一行包含字符串 s，由小写的英文字母组成。字符串 s 的长度为 $1 \sim 1\ 000$。

第二行包含字符串 t，由小写的英文字母组成。字符串 t 的长度为 $1 \sim 106$。

输出格式：

打印所有方法，划分字符串 t 为两部分，使每个部分都让 s 快乐。

输入样例（1）：

aba

baobababbah

输出样例（1）：

2

输入样例（2）：

mars

sunvenusearthmarsjupitersaturnuranusneptune

输出样例（2）：

0

基准时间限制：2 秒；空间限制：256 MB。

题解：

找第一个相同串的末尾，找最后一个相同串的开始，然后模拟。

题目分类：字符串。

代码：

```
=================================================================
#include<bits/stdc++.h>
using namespace std;
typedef long long ll;
const int maxn = 1e6+100;
char s[maxn],t[maxn];
int a[maxn];
int main()
{
    scanf("%s%s",s,t);
    int ans=0,num=0;
    int len1=strlen(s),len2=strlen(t);
    int j=0;
    for(int i=0;i<len2;i++){
        if(t[i]==s[j])j++;
        if(j==len1)j=0,a[i]=1,num++;
    }
    if(num<2)return printf("0\n"),0;
    else{
        int l=0,r=0;
        for(int i=0;i<len2;i++) if(a[i]){l=i; break;}
        j=len1-1;
        for(int i=len2-1;i>=0;i--){
            if(s[j]==t[i])j--;
            if(j<0){r=i; break;}
        }
        printf("%d\n",r-l);
    }
    return 0; }
```
****

6. 题目描述：永恒王座舰队。

Vasya 很喜欢玩多米诺骨牌。他已经厌倦了玩普通的多米诺骨牌，因此他玩不同高度的多米诺骨牌。他从左边到右边，把 n 个多米诺骨牌沿一个轴放在桌子上。每个多米诺骨牌垂直于该轴，使该轴穿过其底部的中心。第 i 个多米诺骨牌具有坐标 x_i 与高度 h_i。现在 Vasya 想要知道，对于每一个多米诺骨牌，如果他将它推倒，则右侧会有多少个多米诺骨牌也随之倒下。

试想，一个多米诺骨牌倒下，如果它严格地触动右侧的多米诺骨牌，被触碰的多米诺骨牌也会倒下。换句话说，如果多米诺骨牌（初始坐标 x 和高度 h）倒下，会导致所有在 $[x+1, x+h-1]$ 范围内的多米诺骨牌倒下。

输入格式：

多组测试数据，处理到文件结尾。

每组测试数据的第一行包含整数 $n(1 \leqslant n \leqslant 10^5)$，这是多米诺骨牌的数量。接下来的 n 行，每行包含两个整数 x_i 与 h_i（$-10^8 \leqslant x_i \leqslant 10^8, 2 \leqslant h_i \leqslant 10^8$），$x_i$ 表示多米诺骨牌的坐标，h_i 表示多米诺骨牌的高度。没有两个多米诺骨牌在同一个坐标点上。

输出格式：

对于每组数据输出一行，包含 n 个空格分隔的数 z_i [表示倒下的多米诺骨牌数量，当 Vasya 推第 i 个多米诺骨牌（包括多米诺骨牌本身）时]。

输入样例：

```
4
16 5
20 5
10 10
18 2
3
6 7
2 9
 -6 10
```

输出样例：

```
3 1 4 1
1 2 3
```

题解：

可以使用单调栈，利用先进先出的特性进线性扫描即可（对于栈中的元素，保证先进的可以推倒后进的，如果已经无法推倒就先出栈，然后继续）。这样，一个元素最多入栈/出栈一次，时间复杂度仅是 $O(n)$。

题目分类：单调栈。

代码：

```cpp
===============================================================
#include <stack>
#include <cstdio>
#include <algorithm>
using namespace std;
typedef pair <int,int> pii;
typedef long long ll;
const int maxn =100000 +10;
int n,ans[maxn];
struct Node{
    int x,h,id;
    bool operator <(const Node& rhs)const{
        return x <rhs.x;
    }
};
struct node{
```

```
        int id,st,rb;
};
Node arr[maxn];
int main(){
    //ios::sync_with_stdio(false);
    //freopen("FZU2163.in","r",stdin);
    //freopen("FZU2163.out","w",stdout);
    while(scanf("%d",&n)==1){
        stack<node> Q;
        for(int i=0;i<n;i++)
            scanf("%d%d",&arr[i].x,&arr[i].h),
            arr[i].id=i;
        sort(arr,arr+n);
        for(int i=0;i<n;i++){
            node tmp=(node){arr[i].id,i,arr[i].x+arr[i].h-1};
            while(!Q.empty() && Q.top().rb<arr[i].x){
                ans[Q.top().id]=i-Q.top().st;
                Q.pop();
            }
            Q.push(tmp);
        }
        while(!Q.empty()){
            node tmp=Q.top();
            Q.pop();
            ans[tmp.id]=n-tmp.st;
        }
        for(int i=0;i<n;i++)
            printf("%d%c",ans[i],i==n-1?'\n':' ');
    }
    return 0;
}
```

****

7. 题目描述：灰太狼抓兔子

灰太狼抓不到羊，但抓兔子还是比较在行的。兔子比较笨，它们只有两个窝。网格地形如图 8 - 1 所示。

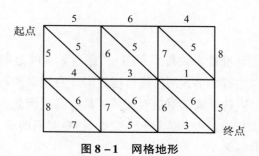

图 8 - 1　网格地形

左上角点为（1，1），右下角点为（N, M）（图中 $N = 4, M = 5$）。有以下 3 种类型的道路：

$$1:(x,y) <==> (x+1,y)$$
$$2:(x,y) <==> (x,y+1)$$
$$3:(x,y) <==> (x+1,y+1)$$

道路上的权值表示这条道路上最多能够通过的兔子数，道路是无向的，左上角和右下角为兔子的两个窝。开始时所有兔子都聚集在左上角（1，1）的窝里，现在它们要跑到右下角（N，M）的窝中去。狼王开始伏击这些兔子。为了保险起见，如果一条道路上最多通过的兔子数为 K，狼王需要安排同样数量的 K 只狼，才能完全封锁这条道路。帮助狼王安排一个伏击方案，在将兔子一网打尽的前提下，使参与的狼的数量最少。

输入格式：

第一行为 N，M，表示网格的大小，N，M 均小于或等于 1 000。

接下来分三部分。

第一部分共 N 行，每行有 $M-1$ 个数，表示横向道路的权值。

第二部分共 $N-1$ 行，每行有 M 个数，表示纵向道路的权值。

第三部分共 $N-1$ 行，每行有 $M-1$ 个数，表示斜向道路的权值。

输入文件保证不超过 10 MB。

输出格式：

一个整数，表示参与伏击的狼的最少数量。

输入样例：

3 4

5 6 4

4 3 1

7 5 3

5 6 7 8

8 7 6 5

5 5 5

6 6 6

输出样例：

14

题解：

题目形成的是一张图（准确来说是平面图），题目要求的是图的最小割。最小割＝最大流，但是题目的点数、边数太多，网络流可能超时。通过观察可以知道，这是一张平面图，求平面图的最小割可以转换成求对应对偶图的最短路。因此，求对应的对偶图，增加一个源点 s、一个汇点 t，把边沿的边连接到 s 或者 t，在对偶图求 s 到 t 的最短路径即可。

题目分类：图论、网络流。

代码：

```
================================================================
#include <bits/stdc++.h>
```

```cpp
using namespace std;
typedef long long ll;
typedef unsigned long long ull;
const int maxn = 2000005;
const ll INF = 1e18;
int n,m,s,t;
int vis[maxn];
ll d[maxn];
int edge,head[maxn],to[maxn<<2],nxt[maxn<<2];
ll len[maxn<<2];
void AddEdge(int u,int v,ll w)
{
    to[++edge] =v;
    len[edge] = w;
    nxt[edge] = head[u];
    head[u] = edge;
}
void spfa(int N)
{
    queue<int> Q;
    memset(vis,0,sizeof vis);
    for(int i = 0; i <= N; i++) d[i] = INF;
        Q.push(s);
    d[s] = 0;
    while(! Q.empty())
    {
        int x = Q.front(); Q.pop();
        vis[x] = 0;
        for(int i = head[x]; i; i = nxt[i])
        {
            if(d[to[i]] > d[x] + len[i])
            {
                d[to[i]] = d[x] + len[i];
                if(! vis[to[i]])
                {
                    Q.push(to[i]);
                    vis[to[i]] = 1;
                }
            }
        }
    }
}
int main()
{
    //freopen("1001.in","r",stdin);
    //freopen("1001.out","w",stdout);
    scanf("%d%d",&n,&m);
    if(n == 1 || m == 1)
    {
        if(n < m) swap(n,m);
        ll ans = INF;
```

```
        for(int i = 1; i < n; i ++)
        {
                ll x;
                scanf("% lld",&x);
                ans = min(ans,x);
        }
        printf("% lld\n",ans);
        return 0;
}
s = 0; t = 2 * (n - 1) * (m - 1) + 1;
edge = 0;
memset(head,0,sizeof head);
for(int i = 1; i <= n; i ++)
{
        int u = (i - 1) * (m - 1) * 2 + 2;
        for(int j = 1; j < m; j ++,u += 2)
        {
            ll w;
            scanf("% lld",&w);
            if(i == 1) AddEdge(s,u,w);
            else if(i == n) AddEdge(u - (m - 1) * 2 - 1,t,w);
            else
            {
                    AddEdge(u - (m - 1) * 2 - 1,u,w);
                    AddEdge(u,u - (m - 1) * 2 - 1,w);
            }
        }
}
for(int i = 1; i < n; i ++)
{
        int u = (i - 1) * (m - 1) * 2 + 1;
        for(int j = 1; j <= m; j ++,u += 2)
        {
            ll w;
            scanf("% lld",&w);
            if(j == 1) AddEdge(u,t,w);
            else if(j == m) AddEdge(s,u - 1,w);
            else
            {
                    AddEdge(u,u - 1,w);
                    AddEdge(u - 1,u,w);
            }
        }
}
for(int i = 1; i < n; i ++)
{
        int u = (i - 1) * (m - 1) * 2 + 1;
        for(int j = 1; j < m; j ++,u += 2)
        {
            ll w;
            scanf("% lld",&w);
```

```
            AddEdge(u,u + 1,w);
            AddEdge(u + 1,u,w);
        }
    }
    spfa(2 * (n - 1) * (m - 1) + 1);
    printf("% lld\n",d[t]);
    return 0;
}
```

****

8. 题目描述：树的统计

一棵树上有 n 个节点，编号分别为 $1 \sim n$，每个节点都有一个权值 w。以下面的形式对这棵树完成一些操作：

（1）CHANGE u t：把结点 u 的权值改为 t。

（2）QMAX u v：询问从点 u 到点 v 的路径上的节点的最大权值和。

注意：从点 u 到点 v 的路径上的节点包括 u 和 v 本身。

输入格式：

输入的第一行为一个整数 n，表示节点的个数。接下来 $n-1$ 行，每行有 2 个整数 a 和 b，表示节点 a 和节点 b 之间有一条边相连。接下来 n 行，每行有一个整数，第 i 行的整数 w_i 表示节点 i 的权值。接下来 1 行有一个整数 q，表示操作的总数。接下来 q 行，每行有一个操作，以"CHANGE u t"或者"QMAX u v"或者"QSUM u v"的形式给出。

对于 100% 的数据，保证 $1 \leqslant n \leqslant 30\ 000$，$0 \leqslant q \leqslant 200\ 000$；在操作中保证每个节点的权值 w 在 $-30\ 000 \sim 30\ 000$ 范围内。

输出格式：

对于每个"QMAX"或者"QSUM"的操作，每行输出一个整数表示要求输出的结果。

输入样例：

```
4
1 2
2 3
4 1
4 2 1 3
12
QMAX 3 4
QMAX 3 3
QMAX 3 2
QMAX 2 3
QSUM 3 4
QSUM 2 1
CHANGE 1 5
QMAX 3 4
```

CHANGE 3 6

QMAX 3 4

QMAX 2 4

QSUM 3 4

输出样例：

4

1

2

2

10

6

5

6

5

16

基准时间限制：10 秒；空间限制：162 MB。

题解：

进行树链剖分。考虑暴力的 LCA 算法，每次查询复杂度可达 $O(n)$。暴力的 LCA 算法执行过程，其实就是点往上跳的过程，这样，考虑一种数据结构，能让在树上跳的次数减少。那么，把树拆分成一条条链拼接起来，用线段树维护链的信息，在线段树上查询即可。这样，时间复杂度就降为 $O(\log n)$。

题目分类：树链剖分、数据结构。

代码：

```
================================================================
#include <bits/stdc++.h>
using namespace std;
typedef long long ll;
typedef unsigned long long ull;
const int maxn = 30005;
const int INF = 1 << 29;
int head[maxn],to[maxn<<1],nxt[maxn<<1];
int val[maxn],dep[maxn],fa[maxn],son[maxn],heavyson[maxn],top[maxn],id[maxn];
int Link[maxn];
int n,q,number,m;
struct Node
{
    int mx,sum;
}nod[maxn<<2];

void addEdge(int a,int b)
{
    to[++m] = b;
```

```
        nxt[m] = head[a];
        head[a] = m;
}


void dfs1(int x,int f,int d)
{
    fa[x] = f; dep[x] = d; son[x] = 1;
    for(int i = head[x]; i; i = nxt[i])
    {
        if(to[i] == f) continue;
        dfs1(to[i],x,d + 1);
        son[x] += son[to[i]];
        if(heavyson[x] == 0 || son[to[i]] > son[heavyson[x]])
            heavyson[x] = to[i];
    }
}


void dfs2(int x,int nowtop)
{
    ++number;
    top[x] = nowtop; id[x] = number; Link[number] = x;
    if(heavyson[x] == 0) return;
    dfs2(heavyson[x],nowtop);
    for(int i = head[x]; i; i = nxt[i])
        if(to[i] != heavyson[x] && to[i] != fa[x])
            dfs2(to[i],to[i]);
}


void pushup(int o)
{
    nod[o].mx = max(nod[o << 1].mx,nod[o << 1 |1].mx);
    nod[o].sum = nod[o << 1].sum + nod[o << 1 |1].sum;
}


void build(int l,int r,int o)
{
    if(l == r)
    {
            nod[o].mx = val[Link[l]];
            nod[o].sum = val[Link[l]];
            return;
    }
    int mid = (l + r) >> 1;
    build(l,mid,o << 1);
    build(mid + 1,r,o << 1 |1);
    pushup(o);
}


void upd(int l,int r,int o,int p,int x)
{
    if(l == r)
    {
```

```
            nod[o].mx = nod[o].sum = x;
            return;
        }
        int mid = (l + r) >> 1;
        if(p <= mid) upd(l,mid,o << 1,p,x);
        else upd(mid + 1,r,o << 1 |1,p,x);
        pushup(o);
    }


    int query_max(int l,int r,int o,int ql,int qr)
    {
        if(ql <= l && qr >= r) return nod[o].mx;
        int mid = (l + r) >> 1;
        int ans = -INF;
        if(ql <= mid) ans = max(ans,query_max(l,mid,o << 1,ql,qr));
        if(qr > mid) ans = max(ans,query_max(mid + 1,r,o << 1 |1,ql,qr));
        return ans;
    }


    int query_sum(int l,int r,int o,int ql,int qr)
    {
        if(ql <= l && qr >= r) return nod[o].sum;
        int mid = (l + r) >> 1;
        int ans = 0;
        if(ql <= mid) ans += query_sum(l,mid,o << 1,ql,qr);
        if(qr > mid) ans += query_sum(mid + 1,r,o << 1 |1,ql,qr);
        return ans;
    }


    int getMax(int u,int v)
    {
        int f1 = top[u],f2 = top[v];
        int ans = -INF;
        while(f1 != f2)
        {
            if(dep[f1] < dep[f2]) swap(f1,f2),swap(u,v);
            ans = max(ans,query_max(1,n,1,id[f1],id[u]));
            u = fa[f1];
            f1 = top[u];
        }
        if(dep[u] > dep[v]) ans = max(ans,query_max(1,n,1,id[v],id[u]));
        else ans = max(ans,query_max(1,n,1,id[u],id[v]));
        return ans;
    }


    int getSum(int u,int v)
    {
        int f1 = top[u],f2 = top[v];
        int ans = 0;
        while(f1 != f2)
        {
            if(dep[f1] < dep[f2]) swap(f1,f2),swap(u,v);
```

```
            ans += query_sum(1,n,1,id[f1],id[u]);
            u = fa[f1];
            f1 = top[u];
        }
    if(dep[u] > dep[v]) ans += query_sum(1,n,1,id[v],id[u]);
    else ans += query_sum(1,n,1,id[u],id[v]);
    return ans;
}

void init()
{
    scanf("% d",&n);
    number = m = 0;
    memset(head,0,sizeof head);
    for(int i = 1; i < n; i ++)
    {
        int a,b;
        scanf("% d % d",&a,&b);
        addEdge(a,b);
        addEdge(b,a);
    }
    for(int i = 1; i <= n; i ++) scanf("% d",val + i);
    memset(heavyson,0,sizeof heavyson);
    dfs1(1,0,1); dfs2(1,1);
    build(1,n,1);
}

int main()
{
    //freopen("1036.in","r",stdin);
    //freopen("1036.out","w",stdout);
    init();
    scanf("% d",&q);
    char s[7];
    int u,v;
    while(q -- )
    {
        scanf("% s % d % d",s,&u,&v);
        if(s[0] == 'C')
        {
            upd(1,n,1,id[u],v);
            val[u] = v;
        }
        else if(s[1] == 'M')
            printf("% d \n",getMax(u,v));
        else
            printf("% d \n",getSum(u,v));
    }
    return 0;
}
```

****

9. 题目描述：起床困难综合征

起床困难综合征的临床表现为：起床难，起床后精神不佳。作为一名青春阳光的好少年，atm 一直坚持与起床困难综合征做斗争。通过研究相关文献，他找到了该病的发病原因：在深邃的太平洋海底，出现了一条名为 drd 的巨龙，它掌握着睡眠的精髓，能随意延长人们的睡眠时间。由于 drd 的活动，起床困难综合征愈演愈烈，以惊人的速度在世界上传播。为了彻底消灭这种病，atm 决定前往海底，消灭这条恶龙。历经千辛万苦，atm 终于来到了 drd 所在的地方，准备与其展开艰苦卓绝的战斗。drd 具有十分特殊的技能，它的防御战线能够使用一定的运算来改变它受到的伤害。具体来说，drd 的防御战线由 n 扇防御门组成。每扇防御门包括一个运算 op 和一个参数 t，其中运算一定是 OR，XOR，AND 中的一种，参数则一定为非负整数。如果还未通过防御门时攻击力为 x，则其通过防御门后攻击力将变为 x op t。最终 drd 受到的伤害为对方初始攻击力 x 依次经过所有 n 扇防御门后转变得到的攻击力。由于 atm 水平有限，他的初始攻击力只能为 $0 \sim m$ 的一个整数（即他的初始攻击力只能在 0，1，$\cdots$，m 中任选，但在通过防御门之后的攻击力不受 m 的限制）。为了节省体力，他希望通过选择合适的初始攻击力使他的攻击能让 drd 受到最大的伤害。请帮 atm 计算一下，他的一次攻击最多能使 drd 受到多大伤害。

输入格式：

第 1 行包含 2 个整数，依次为 n，m，表示 drd 有 n 扇防御门，atm 的初始攻击力为 $0 \sim m$ 的整数。接下来 n 行，依次表示每一扇防御门。每行包括一个字符串 op 和一个非负整数 t，两者由一个空格隔开，且 op 在前，t 在后，op 表示该防御门所对应的操作，t 表示对应的参数。$n \leqslant 10^5$。

输出格式：

一行一个整数，表示 atm 的一次攻击最多使 drd 受到多少伤害。

输出样例：

3 10 AND 5 OR 6 XOR 7

输出样例：

1

样例说明：

atm 可以选择的初始攻击力为 0，1，$\cdots$，10。

假设初始攻击力为 4，最终攻击力经过了如下计算：

4 AND 5 = 4

4 OR 6 = 6

6 XOR 7 = 1

类似地，可以计算出初始攻击力为 1，3，5，7，9 时最终攻击力为 0，初始攻击力为 0，2，4，6，8，10 时最终攻击力为 1，因此 atm 的一次攻击最多使 drd 受到的伤害为 1。

运算解释：

在本题中，需要先将数字变换为二进制后再进行计算。如果操作的两个二进制数长度不同，则在前面补 0 至长度相同。OR 为按位或运算，用于处理两个长度相同的二进制数，两个相应的二进制位中只要有一个为 1，则该位的结果值为 1，否则为 0。XOR 为按位异或运算，用于对等长二进制数的每一位执行逻辑异或操作。如果两个相应的二进制位不同（相异），则该位的结果值为 1，否则为 0。AND 为按位与运算，用于处理两个长度相同的二进制数，只有两个相应的二进制位都为 1，该位的结果值才为 1，否则为 0。

例如，将十进制数 5 与十进制数 3 分别进行 OR，XOR 与 AND 运算，可以得到如下结果：

0101（十进制数 5）	0101（十进制数 5）	0101（十进制数 5）
OR 0011（十进制数 3）	XOR 0011（十进制数 3）	AND 0011（十进制数 3）
= 0111（十进制数 7）	= 0110（十进制数 6）	= 0001（十进制数 1）

题解：

使用贪心判断求解。

代码：

```
===================================================================
#include < bits/stdc ++ .h >
using namespace std;
typedef long long ll;
unsigned int n,m,sum,ans;
const int maxn =1e5 +10;
char s[maxn][4],a[maxn];
int x;

bool cac(int p,int pos){
    for(int i =0;i <n;i ++){
        int c =a[i]&(1 <<pos);
        if(c)
            c =1;
        if(s[i][0] == 'A')
            p& = c;
        else if(s[i][0] == 'O')
            p | =c;
        else if(s[i][0] == 'X')
            p^= c;
    }
    return p;
}

int main()
{
#ifndef ONLINE_JUDGE
    //freopen("hysbz -3668.in","r",stdin);
    //freopen("hysbz -3668.out","w",stdout);
#endif
    while( ~scanf("% d% d",&n,&m)){
        sum = ans = 0;
        for(int i =0;i <3;i ++)
            scanf("% s% d",s[i],a +i);
```

```
        for( int i = 31;i >= 0;i -- ){
            if(cac(0,i)){
                ans += (1 << i);
                continue;
            }else if(cac(1,i)){
                int c = sum + (1 << i);
                if(c <= m){
                    sum = c;
                    ans += (1 << i);
                }
            }
        }
        printf("% d \n",ans);
    }
    return 0;
}
```

****

10. 题目描述: ZQC 的拼图

ZQC 和他的妹妹在玩拼图。他们有 $n(1 \leqslant n \leqslant 100)$ 块神奇的拼图,还有一块拼图板。拼图板是一个 $m \times m(1 \leqslant m \leqslant 100)$ 的正方形网格,每格边长为 1。每块拼图都是直角三角形,正面为白色,反面为黑色,拼图放在拼图板上时,必须正面朝上,直角顶点必须与拼图板上的一个格点重合,两条直角边分别向左和向下。拼图可以重叠。拼图的左下部分可以超过拼图板的边界。

拼图能伸缩,具体说来就是:可以选择一个正整数 k,并使所有拼图的每条边长都变成原来的 k 倍。

妹妹摆好拼图后,ZQC 需要控制一个小人从拼图板的左下角跑到右上角,小人路线上的任何一点(包括端点)都要在某块拼图板上(边界或顶点也可以),现在 ZQC 想知道她的妹妹最少要把拼图的边长扩大到原来的几倍才存在一种摆放方式使她能找到这样一条路线。

输入格式:

第一行两个正整数 n 和 m 表示有 n 块拼图,拼图板边长为 m。

接下来 n 行包含两个正整数 a_i,b_i $(1 \leqslant a\_i,b\_i \leqslant 1\,000\,000)$,表示第 i 块拼图初始时的水平直角边长为 a_i,垂直直角边长为 b_i。

输出格式:

一行一个整数 k,表示拼图的边长最少要扩大到原来的 k 倍。

输入样例:

3 20

1 1

2 4

1 6

输出样例:

18

分析：设(x, y)表示拼图板从左下角向右x格，向上y格的位置，一种方案是 3 块拼图板的右上角分别在 $(20, 20)$，$(20, 2)$，$(18, 0)$ $(20, 20)$，$(20, 2)$，$(18, 0)$ $(20, 20)$，$(20, 2)$，$(18, 0)$，另一种方案是 3 块拼图板右上角分别在 $(0, 17)$，$(3, 20)$，$(20, 20)$ $(0, 17)$，$(3, 20)$，$(20, 20)$ $(0, 17)$，$(3, 20)$，$(20, 20)$。

题解：

对于一块拼图，如果直角顶点放在 (x, y)，能覆盖哪些$(x - x', y - y')$呢？不妨对于这个拼图的每一行选择最大的 y'，这样得到 n 个 (x', y')。每组至多选择一个二元组，使第一维和为 m，第二维和也为 m。

代码：

```cpp
=================================================================
#include <bits/stdc++.h>
using namespace std;
typedef long long ll;
const int maxn = 111;
int k,n,a[maxn],b[maxn],m;
int dp[maxn][maxn];
const int INF = 0x3f3f3f3f;

bool check(int mid){
    for(int i = 0;i <= n;i ++)
        for(int j = 0;j <= m;j ++)
            dp[i][j] =- INF;
    dp[0][0] = 0;
    for(int i = 1;i <= n;i ++){
        double x,y;
        for(int t,j = 0;j <= min(mid/b[i],m);j ++){
            x = 1.0 * mid/a[i];
            y = 1.0 * b[i]/a[i] * (1.0 * mid/b[i] - 1.0 * j);
            t = floor(y);
            for(int k = j;k <= m;k ++)
                dp[i][k] = max(dp[i][k],dp[i-1][k-j]+t);
        }
    }
    if(dp[n][m] >= m)
        return 1;
    return 0;
}
int main()
{
#ifndef ONLINE_JUDGE
    //freopen("loj_500.in","r",stdin);
    //freopen("loj_500.out","w",stdout);
#endif
    cin >> n >> m;
    for(int i = 0;i < n;i ++)
        cin >> a[i] >> b[i];
    int l = 1,r = 2e8;
```

```
    while(l < r){
        int mid = (l + r) >>1;
        if(check(mid))
            r = mid;
        else
            l = mid;
    }
    cout << l << endl;
    return 0;
}
```

****

8.2 进阶篇

1. 题目描述：Vasya and Shifts

Vasya has a set of $4n$ strings of equal length, consisting of lowercase English letters "a", "b", "c", "d" and "e". Moreover, the set is split into n groups of 4 equal strings each. Vasya also has one special string a of the same length, consisting of letters "a" only.

Vasya wants to obtain from string a some fixed string b, in order to do this, he can use the strings from his set in any order. When he uses some string x, each of the letters in string a replaces with the next letter in alphabet as many times as the alphabet position, counting from zero, of the corresponding letter in string x. Within this process the next letter in alphabet after "e" is "a".

For example, if some letter in a equals "b", and the letter on the same position in x equals "c", then the letter in a becomes equal "d", because "c" is the second alphabet letter, counting from zero. If some letter in a equals "e", and on the same position in x is "d", then the letter in a becomes "c". For example, if the string a equals "abcde", and string x equals "baddc", then a becomes "bbabb".

A used string disappears, but Vasya can use equal strings several times.

Vasya wants to know for q given string b, how many ways there are to obtain from the string a to string b using the given set of $4n$ strings? Two ways are different if the number of strings used from some group of 4 strings is different. Help Vasya compute the answers for these questions modulo $10^9 + 7$.

Input

The first line contains two integers n and m ($1 \leqslant n$, $m \leqslant 500$) —the number of groups of four strings in the set, and the length of all strings.

Each of the next n lines contains a string s of length m, consisting of lowercase English letters "a", "b", "c", "d" and "e". This means that there is a group of four strings equal to s.

The next line contains single integer q ($1 \leqslant q \leqslant 300$) —the number of string b Vasya is interested in.

Each of the next q strings contains a string b of length m, consisting of lowercase English letters "a", "b", "c", "d" and "e"—a string Vasya is interested in.

Output

For each string Vasya is interested in print the number of ways to obtain it from string a, modulo $10^9 + 7$.

Examples

Input（1）

1 1

b

2

a

e

Output（1）

1

1

Input（2）

2 4

aaaa

bbbb

1

cccc

Output（2）

5

Note

In the first example, we have 4 strings "b". Then we have the only way for each string b: select 0 strings "b" to get "a" and select 4 strings "b" to get "e", respectively. So, we have 1 way for each request.

In the second example, note that the choice of the string "aaaa" does not change anything, that is we can choose any amount of it（from 0 to 4, it's 5 different ways）and we have to select the line "bbbb" 2 times, since other variants do not fit. We get that we have 5 ways for the request.

题解：

先将字符 'a'~'e' 转成数字 0~5，那么每一种得到目的串的方式可以看成每一位数字的加法。

那么将每一个串看成一个 m 维向量，假设第 i 个向量有 x_i 个（即第 i 个串使用了 x_i

次)，于是问题就转换成求线性方程（n 个 m 维向量相加得到目的向量）的解的数量。

可以把方程放在矩阵中求解，根据线性方程解的结构可知，只要求出原矩阵和增广矩阵的秩，就可以知道是否有解，同时可以知道自由变元的数量。

自由变元可以任意取值，因为题目中每个串的数量最多为 4（即任意 $x_i \leqslant 4$），那么答案就是 $5^{(n-秩)}$。

求解过程就是高斯消元过程，注意要直接增广 q 列，自由变元即系数为 0 的变量。

题目分类：数学数论、高斯消元、线性代数（线性方程组）。

代码：

```
==============================================================
#include < bits/stdc ++ .h >
using namespace std;
typedef long long ll;
typedef unsigned long long ull;
const int maxn = 505;
const int mod = 1e9 + 7;
int n,m,q;
int matrix[maxn][maxn << 1];
int lcm(int a,int b) { return a * b / __gcd(a,b); }
int guass(int mx_col)
{
    int ret = 0;
    for(int row = 0,col = 0; col < n; row ++ ,col ++ )
    {
        int max_r = row;
        for(int i = max_r;i < m; i ++ )
            if(matrix[i][col] > matrix[max_r][col])
                max_r = i;
        if(row ! = max_r)
            for(int i = col; i < mx_col; i ++ )
                swap(matrix[row][i],matrix[max_r][i]);
        if(matrix[row][col] == 0)
        {
            row -- ;
            continue;
        }
        ret ++ ;
        for(int k = row + 1; k < m; k ++ )
        {
            if(matrix[k][col] == 0) continue;
            int LCM = lcm(matrix[row][col],matrix[k][col]);
            int t1 = LCM /matrix[row][col];
            int t2 = LCM /matrix[k][col];
            for(int i = col; i < mx_col; i ++ )
            {
                matrix[k][i] * = t2;
                matrix[k][i] -= t1 * matrix[row][i];
                matrix[k][i] % = 5;
                if(matrix[k][i] < 0) matrix[k][i] += 5;
```

```
                    }
                }
            }
        return ret;
}
int qmod(int c)
{
        int ret = 1;
        int x = 5;
        while(c)
        {
                if(c & 1) ret = 1ll * ret * x % mod;
                    x = 1ll * x * x % mod;
                c >>= 1;
        }
        return ret;
}


int main()
{
        //freopen("e.in","r",stdin);
        //freopen("e.out","w",stdout);
        scanf("% d% d",&n,&m);
        char s[maxn];
        for(int i = 0; i < n; i ++)
        {
                scanf("% s",s);
                for(int j = 0; j < m; j ++)
                    matrix[j][i] = s[j] - 'a';
        }
        scanf("% d",&q);
        for(int i = 0; i < q; i ++)
        {
                scanf("% s",s);
                for(int j = 0; j < m; j ++)
                    matrix[j][i + n] = s[j] - 'a';
        }
        int R = guass(n + q);
        int ans = qmod(n - R);
        for(int i = n; i < n + q; i ++)
        {
                int r = 0;
                for(int j = 0; j < m; j ++)
                    if(matrix[j][i]) r = j + 1;
                if(r > R) printf("0 \n");
                else printf("% d \n",ans);
        }
        return 0;
}
```

****

2. 题目描述：Five Dimensional Points

You are given set of n points in 5 – dimensional space. The points are labeled from 1 to n. No two points coincide.

We will call point a bad if there are different points b and c, not equal to a, from the given set such that angle between vectors and is acute (i. e. strictly less than). Otherwise, the point is called good.

The angle between vectors and in 5 – dimensional space is defined as, where is the scalar product and is length of .

Given the list of points, print the indices of the good points in ascending order.

Input

The first line of input contains a single integer n $(1 \leqslant n \leqslant 10^3)$ —the number of points.

The next n lines of input contain five integers a_i, b_i, c_i, d_i, e_i($|a_i|$, $|b_i|$, $|c_i|$, $|d_i|$, $|e_i| \leqslant 10^3$) —the coordinates of the i – the point. All points are distinct.

Output

First, print a single integer k—the number of good points.

Then, print k integers, each on their own line—the indices of the good points in ascending order.

Examples

Input（1）

6

0 0 0 0 0

1 0 0 0 0

0 1 0 0 0

0 0 1 0 0

0 0 0 1 0

0 0 0 0 1

Output（1）

1

1

Input（2）

3

0 0 1 2 0

0 0 9 2 0

0 0 5 9 0

Output（2）

0

Note

In the first sample, the first point forms exactly a angle with all other pairs of points, so it is good.

In the second sample, along the *cd* plane, we can see the points look as follows:

We can see that all angles here are acute, so no points are good.

题解：

考虑一个点为 good 点的时候，在二维上，360°内最多有 4 个角度的点可以同时存在。

三维是 6 个点。一般化，k 维上最多有 $2 \times k$ 个角度，因此当点数大于 10 的时候，good 点一定没有。$n > 10$，good 点为 0，否则直接使暴力搜索算法。

题目分类：几何。

代码：

```
================================================================
#include <bits/stdc++.h>
using namespace std;
typedef long long ll;
typedef unsigned long long ull;
const int maxn = 100005;
const double eps = 1e-8;
int n;
struct Node
{
    int v[5];
}nod[1005];
int ar[1005];

bool check(Node a,Node b)
{
    bool ok = true;
    for(int i = 0; i < 5; i++) if(a.v[i] != b.v[i]) ok = false;
    return ok;
}
int main()
{
    //freopen("c.in","r",stdin);
    //freopen("c.out","w",stdout);
    cin >> n;
    for(int i = 1; i <= n; i++)
        for(int j = 0; j < 5; j++)
            cin >> nod[i].v[j];
    int m = 0;
    for(int i = 1; i <= n && n <= 25; i++)
    {
        bool ok = true;
        for(int j = 1; j <= n; j++)
        {
            if(check(nod[i],nod[j])) continue;
            Node a;
            for(int x = 0; x < 5; x++) a.v[x] = nod[j].v[x] - nod[i].v[x];
```

```
                for(int k = j + 1; k <= n; k ++)
                {
                        Node b;
                        for(int x = 0; x < 5; x ++) b.v[x] = nod[k].v[x] - nod[i].v[x];
                        if(check(nod[i],nod[k])) continue;
                        int A = 0;
                        for(int x = 0; x < 5; x ++) A += a.v[x] * b.v[x];
                        if(A > 0) ok = false;
                }
        }
        if(ok) ar[m ++] = i;
}
cout << m << endl;
for(int i = 0; i < m; i ++) cout << ar[i] << " ";
if(m) cout << endl;
return 0;
}
```

****

3. 题目描述: Jury Meeting

Country of Metropolia is holding Olympiad of Metropolises soon. It mean that all jury members of the olympiad should meet together in Metropolis (the capital of the country) for the problem preparation process.

There are $n + 1$ cities consecutively numbered from 0 to n. City 0 is Metropolis that is the meeting point for all jury members. For each city from 1 to n there is exactly one jury member living there. Olympiad preparation is a long and demanding process that requires k days of work. For all of these k days each of the n jury members should be present in Metropolis to be able to work on problems.

You know the flight schedule in the country (jury members consider themselves important enough to only use flights for transportation). All flights in Metropolia are either going to Metropolis or out of Metropolis. There are no night flights in Metropolia, or in the other words, plane always takes off at the same day it arrives. On his arrival day and departure day jury member is not able to discuss the olympiad. All flights in Metropolia depart and arrive at the same day.

Gather everybody for k days in the capital is a hard objective, doing that while spending the minimum possible money is even harder. Nevertheless, your task is to arrange the cheapest way to bring all of the jury members to Metrpolis, so that they can work together for k days and then send them back to their home cities. Cost of the arrangement is defined as a total cost of tickets for all used flights. It is allowed for jury member to stay in Metropolis for more than k days.

Input

The first line of input contains three integers n, m and k ($1 \leqslant n \leqslant 105$, $0 \leqslant m \leqslant 105$, $1 \leqslant k \leqslant 106$).

The i – th of the following m lines contains the description of the i – th flight defined by four integers d_i, f_i, t_i and c_i ($1 \leqslant d_i \leqslant 10^6$, $0 \leqslant f_i \leqslant n$, $0 \leqslant t_i \leqslant n$, $1 \leqslant c_i \leqslant 10^6$, exactly one of fi and ti equals zero), the day of departure (and arrival), the departure city, the arrival city and the ticket cost.

Output

Output the only integer that is the minimum cost of gathering all jury members in city 0 for k days and then sending them back to their home cities.

If it is impossible to gather everybody in Metropolis for k days and then send them back to their home cities, output " -1 " (without the quotes).

Examples

Input（1）

2 6 5

1 1 0 5000

3 2 0 5500

2 2 0 6000

15 0 2 9000

9 0 1 7000

8 0 2 6500

Output（1）

24500

Input（2）

2 4 5

1 2 0 5000

2 1 0 4500

2 1 0 3000

8 0 1 6000

Output（2）

-1

Note

The optimal way to gather everybody in Metropolis in the first sample test is to use flights that take place on days 1, 2, 8 and 9. The only alternative option is to send jury member from second city back home on day 15, that would cost 2 500 more.

In the second sample it is impossible to send jury member from city 2 back home from Metropolis.

题解：

题目中的飞机航线可以看作一张有向图，这张图有一个特点，就是每一条边肯定与点

0 相邻。那么就不需要考虑中转的情况了。于是这个问题就转化成最早返回的时间(f) − 最晚到达的时间(t) $> k$ 的所有方案中，最小花费是多少。

既然问题转为时间区间问题，那么将到达和返回的航班分开，同时按照时间排序。这里考虑 f 和 t 时，会发现如下性质。

（1）对于任意两种方案的最晚到达时间 t_1，t_2，费用为 w_1，w_2。假设 $t_1 < t_2$，那么 $w_1 > w_2$，因为 t 越小，f 的选择就越多。

（2）同理，对于任意两种方案的最早返回时间 f_1，f_2，费用为 w_1，w_2，假设 $f_1 < f_2$，那么 $w_1 < w_2$。

那么，可以处理出 f 和 t 两个单调队列。考虑每个 f 的最优解 t，由于 t 时间递增，费用递减，那么只需要求出最大的 t，使 $f - t > k$ 成立。现在考虑求解 t 和 f。根据上面的分析，t 和 f 有单调性，那么对于同一个城市，每个出发（返回）航班的时间及其费用也有上述单调性。因此，只需要按照每个城市下标，维护每一个单调队列即可。在求解 f 和 t 的时候，按时间顺序枚举航班，以该航班到达（返回）时间为 $t(f)$，那么费用只需要考虑减掉该地点序列中前一个航班的费用，增加当前航班的费用。

该算法的时间复杂度是 $O(n)$。

代码：

```
============================================================
#include <bits/stdc++.h>
using namespace std;
typedef long long ll;
typedef unsigned long long ull;
const int maxn = 100005;
int n,m,k;
struct Edge
{
    int d,p;
    ll cost;
    Edge(int a = 0,int b = 0,ll c = 0):d(a),p(b),cost(c){}
}e1[maxn],e2[maxn];
vector<int> v[maxn];
struct Node
{
    int x;
    ll cost;
    Node(int a = 0,ll b = 0):x(a),cost(b){}
}v1[maxn],v2[maxn];
int now[maxn],vis[maxn];

bool cmp(Edge a,Edge b) { return a.d == b.d ? a.cost < b.cost : a.d < b.d; }

bool solve(int L,int R,Edge * e,Node * nod,int& c)
{
    for(int i = 0; i <= n; i ++) v[i].clear();
    int cnt = 0;
    memset(vis,0,sizeof vis);
```

```
    for(int i = L; i != R; i += (L < R ? 1 : -1))
    {
        int id = e[i].p;
        if(v[id].size() && e[v[id].back()].cost <= e[i].cost) continue;
        vis[i] = 1;
        v[id].push_back(i);
        if(v[id].size() == 1) cnt ++;
    }
    if(cnt != n) return false;
    ll cost = 0;
    cnt = 0;
    memset(now, -1, sizeof now);
    for(int i = L; i != R; i += (L < R ? 1 : -1))
    {
        if(! vis[i]) continue;
        cost += e[i].cost;
        int id = e[i].p;
        ++ now[id];
        if(now[id] >= v[id].size())
        {
            cost -= e[i].cost;
            continue;
        }
        if(now[id]) cost -= e[v[id][now[id] - 1]].cost;
        else cnt ++;
        if(cnt == n && (c == 0 || (c && nod[c - 1].cost > cost)))
            nod[c ++] = Node(e[i].d, cost);
    }
    return true;
}
int main()
{
    //freopen("d.in","r",stdin);
    //freopen("d.out","w",stdout);
    scanf("% d% d% d",&n,&m,&k);
    int c1 = 0,c2 = 0;
    for(int i = 0; i < m; i ++)
    {
        int a,b,c;
        ll d;
        scanf("% d% d% d% I64d",&a,&b,&c,&d);
        if(b == 0) e2[c2 ++] = Edge(a,c,d);
        else e1[c1 ++] = Edge(a,b,d);
    }
    sort(e1,e1 + c1,cmp);
    sort(e2,e2 + c2,cmp);
    int cnt_v1 = 0,cnt_v2 = 0;
    if(solve(0,c1,e1,v1,cnt_v1) == false || solve(c2 - 1,-1,e2,v2,cnt_v2) == false)
    {
        puts("-1");
        return 0;
```

```
}
ll ans = -1;
for(int i = cnt_v1 - 1,j = 0; j < cnt_v2; j ++)
{
    while(i && v2[j].x - v1[i].x <= k) i --;
    if(v2[j].x - v1[i].x <= k) break;
    if(ans == -1) ans = v1[i].cost + v2[j].cost;
    else ans = min(ans,v1[i].cost + v2[j].cost);
}
printf("% I64d \n",ans);
return 0;
}
```

****

4. 题目描述：Chess Tourney

Berland annual chess tournament is coming!

Organizers have gathered $2 \cdot n$ chess players who should be divided into two teams with n people each. The first team is sponsored by BerOil and the second team is sponsored by BerMobile. Obviously, organizers should guarantee the win for the team of BerOil.

Thus, organizers should divide all $2 \cdot n$ players into two teams with n people each in such a way that the first team always wins.

Every chess player has its rating r_i. It is known that chess player with the greater rating always wins the player with the lower rating. If their ratings are equal then any of the players can win.

After teams assignment there will come a drawing to form n pairs of opponents: in each pair there is a player from the first team and a player from the second team. Every chess player should be in exactly one pair. Every pair plays once. The drawing is totally random.

Is it possible to divide all $2 \cdot n$ players into two teams with n people each so that the player from the first team in every pair wins regardless of the results of the drawing?

Input

The first line contains one integer n $(1 \leqslant n \leqslant 100)$.

The second line contains $2 \cdot n$ integers a_1, a_2, $\cdots$, a_n $(1 \leqslant a_i \leqslant 1\,000)$.

Output

If it's possible to divide all $2 \cdot n$ players into two teams with n people each so that the player from the first team in every pair wins regardless of the results of the drawing, then print "YES". Otherwise print "NO".

Examples

Input（1）

2

1 3 2 4

Output（1）

YES

Input（2）

1

3 3

Output（2）

NO

题解：

本题所描述的游戏规则是等级高的与等级低的棋手下棋就一定会赢，若平级则可赢可输。现将 $2n$ 个标有相应等级的棋手分成两组，分组之后每组的所有棋手将与另一组的所有棋手进行比赛，问是否存在分组使某一组在所有比赛中都胜出。最终的解法是将给定的所有等级进行排序，若中间两个元素相等，则不存在满足题意的分组，若不相等则意味着存在满足题意的分组。

题目分类：排序。

代码：

```
==================================================================
#include <cstdio>
#include <iostream>
#include <algorithm>
using namespace std;
const int maxn = 300;
int main()
{
    int n;
    int a[maxn];
    cin >> n;
    for (int i = 0; i < 2 * n; i ++)
    {
        cin >> a[i];
    }
    sort(a, a + 2 * n);
    if (a[n - 1] == a[n])cout << "NO" << endl;
    else cout << "YES" << endl;
    return 0;
}
```

****

5. 题目描述：Count Gigel Matrices

You are given a binary matrix of size $N/$times M ($N \times M$). Count the number of square submatrices that contain 11 on the borders and on the principal diagonal (top – left to bottom – right). There is no restriction for the rest of the cells, they can be either 00 or 11.

Input

The first line contains two integers N and M.

Each of the next N lines contains a binary string of size M, representing the elements of the matrix.

Output

Print the answer on the first line.

Constraints and notes

$1 \leqslant N,\ M \leqslant 2\ 000$

Example

Input（1）

5 5

Output（1）

22

11111

11001

10101

10011

11111

Input（2）

4 7

Output（2）

30

1111111

1101101

1011011

1111111

Input（3）

6 5

Output（3）

24

11111

10011

10101

11001

11111

10101

题解：

考虑正方形的特征发现：左上角和右下角一定在同一条对角线上，并且两个端点的最长延伸互相覆盖。具体一点，左上角端点向右的最长距离 max（向右，向下，右下）要覆盖右下角，同理，右下角向左的最长距离 max（向左，向上，左上）要覆盖左上角。那么可以枚举主对角线，统计对角线上的方案，那么这就变成了一个区间问题。

接下来，考虑统计区间方案的方法。对于一个右边界 r，假设向左延伸最长为 x，那么只需要统计 $[r-x+1,r]$ 区间内有多少个点对点 r 有影响。其用树状数组维护即可。但是，由于每个端点向右延伸长度固定，所以需要消掉已经无法延伸的端点。这时可以预处理每个端点，维护端点消失影响的单调队列。每次更新即可。

题目分类：矩阵、数据结构、区间。

代码：

```cpp
================================================================
#include <bits/stdc++.h>
using namespace std;
typedef long long ll;
typedef unsigned long long ull;
const int maxn = 2005;
int n,m;
char s[maxn][maxn];
int right_row[maxn][maxn],right_col[maxn][maxn],right_dia[maxn][maxn];
int left_row[maxn][maxn],left_col[maxn][maxn],left_dia[maxn][maxn];
struct Node
{
    int p,r;
    Node(int a = 0,int b = 0):p(a),r(b){}
    bool operator<(const Node& rhs) const
    { return r < rhs.r; }
}q[maxn];
int c = 0;
struct BIT
{
    int N;
    int cnt[maxn];
    void init(int x) { N = x; memset(cnt,0,sizeof cnt); }
    void upd(int x,int v) { for(;x <= N; x += x & -x) cnt[x] += v; }
    int query(int x)
    {
        int ret = 0;
        for(;x; x -= x & -x) ret += cnt[x];
        return ret;
    }

}bit;
int cal(int x,int y,int& j)
{
    int ret = 0;
    if(s[x][y] == '1')
    {
        bit.upd(y,1);
        int l = y - min(left_row[x][y],min(left_col[x][y],left_dia[x][y]));
        ret = bit.query(y) - bit.query(l);
    }
```

```
            while(j < c && q[j].r <= y)
            {
                bit.upd(q[j].p, -1);
                j ++;
            }
        return ret;
    }
    int main()
    {
        //freopen("d.in","r",stdin);
        //freopen("d.out","w",stdout);
        scanf("% d% d",&n,&m);
        for(int i = 1; i <= n; i ++) scanf("% s",s[i] + 1);
        for(int i = 1; i <= n; i ++)
            for(int j = 1; j <= m; j ++)
                if(s[i][j] == '1')
                {
                    left_row[i][j] = left_row[i][j -1] + 1;
                    left_col[i][j] = left_col[i -1][j] + 1;
                    left_dia[i][j] = left_dia[i -1][j -1] + 1;
                }
        for(int i = n; i; i --)
            for(int j = m; j; j --)
                if(s[i][j] == '1')
                {
                    right_row[i][j] = right_row[i][j +1] + 1;
                    right_col[i][j] = right_col[i +1][j] + 1;
                    right_dia[i][j] = right_dia[i +1][j +1] + 1;
                }
        ll ans = 0;
        bit.init(m);
        for(int i = n; i; i --)
        {
            c = 0;
            for(int k = 0; ; k ++)
            {
                int x = i + k,y = k + 1;
                if(x > n || y > m) break;
                int r = y + min(right_row[x][y],min(right_col[x][y],right_dia
[x][y])) - 1;
                if(s[x][y] == '1') q[c ++] = Node(y,r);
            }
            sort(q,q +c);
            int p = 0;
            for(int k = 0; ; k ++)
            {
                int x = i + k,y = k + 1;
                if(x > n || y > m) break;
                int tmp = cal(x,y,p);
                ans += tmp;
            }
```

```
    }
    for( int i = 2; i <= m; i ++ )
    {
        c = 0;
        for( int k = 0; ; k ++ )
        {
            int x = k + 1,y = i + k;
            if( x > n || y > m) break;
            int r = y + min(right_row[x][y],min(right_col[x][y],right_dia
[x][y])) - 1;
            if( s[x][y] == '1') q[c ++ ] = Node(y,r);
        }
        sort( q,q + c);
        int p = 0;
        for( int k = 0; ; k ++ )
        {
            int x = k + 1,y = i + k;
            if( x > n || y > m) break;
            int tmp = cal(x,y,p);
            ans += tmp;
        }
    }
    printf( "% 11d \n",ans);
    return 0;
}
```

****

6. 题目描述：Housewife Wind

Time Limit：4 000 ms　　　　Memory Limit：65 536 KB

Total Submissions：12 340　　　Accepted：3 411

Description

After their royal wedding, Jiajia and Wind hid away in XX Village, to enjoy their ordinary happy life. People in XX Village lived in beautiful huts. There are some pairs of huts connected by bidirectional roads. We say that huts in the same pair directly connected. XX Village is so special that we can reach any other huts starting from an arbitrary hut. If each road cannot be walked along twice, then the route between every pair is unique.

Since Jiajia earned enough money, Wind became a housewife. Their children loved to go to other kids, then make a simple call to Wind："Mummy, take me home!"

At different times, the time needed to walk along a road may be different. For example, Wind takes 5 minutes on a road normally, but may take 10 minutes if there is a lovely little dog to play with, or take 3 minutes if there is some unknown strange smell surrounding the road.

Wind loves her children, so she would like to tell her children the exact time she will spend on the roads. Can you help her?

Input

The first line contains three integers n, q, s. There are n huts in XX Village, q messages to process, and Wind is currently in huts. $n < 100\ 001$, $q < 100\ 001$.

The following $n - 1$ lines each contains three integers a, b and w. That means there is a road directly connecting hut a and b, time required is w. $1 \leqslant w \leqslant 10\ 000$.

The following q lines each is one of the following two types:

Message A: 0 u

A kid in hut u calls Wind. She should go to hut u from her current position.

Message B: 1 i w

The time required for i – th road is changed to w. Note that the time change will not happen when Wind is on her way. The changed can only happen when Wind is staying somewhere, waiting to take the next kid.

Output

For each message A, print an integer X, the time required to take the next child.

Examples

Input

3 3 1

1 2 1

2 3 2

0 2

1 2 3

0 3

Output

1

3

题解:

求树上两点之间的距离：$ans = dis[u] + dis[v] - dis[LCA(u,v)] \times 2$。

这里采用倍增的思想，先让两个点跳到同一深度，然后两个点再同时往上跳，先跳大步。

对于修改，修改一条边，暴力更新 dis 数组，这样可以通过。

代码:

```
================================================================
#include < iostream >
#include < cstring >
#include < cstdio >
#include < algorithm >
#include < cmath >
using namespace std;
typedef long long ll;
#define MS(a) memset(a,0,sizeof(a))
#define MP make_pair
#define PB push_back
```

```cpp
const int INF = 0x3f3f3f3f;
const ll INFLL = 0x3f3f3f3f3f3f3f3fLL;
inline ll read(){
    ll x=0,f=1;char ch=getchar();
    while(ch<'0'||ch>'9'){if(ch=='-')f=-1;ch=getchar();}
    while(ch>='0'&&ch<='9'){x=x*10+ch-'0';ch=getchar();}
    return x*f;
}
//////////////////////////////////////////////////////////////////////////
const int maxn = 1e5+10;

struct node{
    int u,v,w,next;
}e[maxn*2];
int tot,dp[maxn][25],dep[maxn],head[maxn],dis[maxn];

void add(int u,int v,int w,int &k){
    e[k].u=u; e[k].v=v; e[k].w=w;
    e[k].next=head[u]; head[u]=k++;
    swap(u,v);
    e[k].u=u; e[k].v=v; e[k].w=w;
    e[k].next=head[u]; head[u]=k++;
}


void dfs(int u,int f){
    dep[u] = dep[f]+1;
    dp[u][0] = f;
    for(int i=head[u]; i!=-1; i=e[i].next){
        int v = e[i].v, w = e[i].w;
        if(v == f) continue;
        dis[v] = dis[u]+w;
        dfs(v,u);
    }
}


int LCA(int x,int y){
    if(dep[x] < dep[y]) swap(x,y);
    for(int i=20; i>=0; i--)
        if(dep[dp[x][i]] >= dep[y])
            x = dp[x][i];
    if(x == y) return x;
    for(int i=20; i>=0; i--)
        if(dep[dp[x][i]] == dep[dp[y][i]] && dp[x][i]!=dp[y][i])
            x = dp[x][i], y = dp[y][i];
    return dp[x][0];
}


void change(int u,int f,int val){
    dis[u] += val;
    for(int i=head[u]; i!=-1; i=e[i].next){
        if(f == e[i].v) continue;
```

```
                change(e[i].v,u,val);
        }
}

int main(){
    int n,q,s;
    while(cin >> n >> q >> s){
        tot = 0;
        memset(head,-1,sizeof(head));
        for(int i =1; i < n; i ++){
            int u,v,w; scanf("% d% d% d",&u,&v,&w);
            add(u,v,w,tot);
        }
        dfs(1,0);
        for(int i =1; i <=20; i ++)
            for(int j =1; j <=n; j ++)
                dp[j][i] = dp[dp[j][i -1]][i -1];
        while(q --){
            int op = read();
            if(op == 0){
                int v = read();
                int ans = dis[s] +dis[v] -2 * dis[LCA(s,v)];
                s = v;
                cout << ans << endl;
            }else{
                int p,y; scanf("% d% d",&p,&y);
                p = (p -1) *2;
                int u = e[p].u, v = e[p].v, w = e[p].w;
                int t1 = dep[u] < dep[v] ? v:u;
                int t2 = dep[u] < dep[v] ? u:v;
                e[p].w = e[p1].w = y;
                change(t1,t2,y -w);
            }
        }
    }

    return 0;
}
```

****

7. 题目描述：Rooter's Song

Wherever the destination is, whoever we meet, let's render this song together.

On a Cartesian coordinate plane lies a rectangular stage of size $w \times h$, represented by a rectangle with corners $(0, 0)$, $(w, 0)$, (w, h) and $(0, h)$. It can be seen that no collisions will happen before one enters the stage.

On the sides of the stage stand n dancers. The i – th of them falls into one of the following groups：

Vertical：stands at $(x_i, 0)$, moves in positive y direction (upwards)；

Horizontal: stands at $(0, y_i)$, moves in positive x direction (rightwards).

According to choreography, the i – th dancer should stand still for the first t_i milliseconds, and then start moving in the specified direction at 1 unit per millisecond, until another border is reached. It is guaranteed that no two dancers have the same group, position and waiting time at the same time.

When two dancers collide (i. e. are on the same point at some time when both of them are moving), they immediately exchange their moving directions and go on.

Dancers stop when a border of the stage is reached. Find out every dancer's stopping position.

Input

The first line of input contains three space – separated positive integers n, w and h ($1 \leqslant n \leqslant$ 100 000, $2 \leqslant w$, $h \leqslant 100\ 000$) —the number of dancers and the width and height of the stage, respectively.

The following n lines each describes a dancer: the i – th among them contains three space – separated integers g_i, p_i, and t_i ($1 \leqslant g_i \leqslant 2$, $1 \leqslant p_i \leqslant 99\ 999$, $0 \leqslant t_i \leqslant 100\ 000$), describing a dancer's group g_i ($g_i = 1$—vertical, $g_i = 2$—horizontal), position, and waiting time. If $g_i = 1$ then $p_i = x_i$; otherwise $p_i = y_i$. It's guaranteed that $1 \leqslant x_i \leqslant w - 1$ and $1 \leqslant y_i \leqslant h - 1$. It is guaranteed that no two dancers have the same group, position and waiting time at the same time.

Output

Output n lines, the i – th of which contains two space – separated integers (x_i, y_i) —the stopping position of the i – th dancer in the input.

Examples

Input (1)

8 10 8
1 1 10
1 4 13
1 7 1
1 8 2
2 2 0
2 5 14
2 6 0
2 6 1

Output (1)

4 8
10 5
8 8
10 6
10 2

```
1 8
7 8
10 6
```
Input（2）
```
3 2 3
1 1 2
2 1 1
1 1 5
```
Output（2）
```
1 3
2 1
1 3
```
题解：

首先考虑有哪些 dancer 可能相遇。

如果 dancer（x_i，t_i）和 dancer（y_j，t_j）相遇，那么相遇时刻为 $t = x_i + t_j = y_j + t_i$，故 $x_i - t_i = y_j - t_j$，于是可以将 dancer 分组，每组内的 dancer 会互相相遇，而组之间则不会。

画出图来观察相遇情况，可以看出，所有 dancer 最终停下的位置是不会改变的，只是会打乱顺序（例如原来终点位置为 A，B，C，相遇后改变为了 A，C，B），故可以考虑每个 dancer 的终点是原本哪个 dancer 的。观察可以得出，在每组内，从左上角（0，h）开始，逆时针方向的每个起点与顺时针方向的每个终点——对应。

题目分类：思维。

代码：

```cpp
================================================================
#include <iostream>
#include <cstdio>
#include <cstring>
#include <algorithm>
#include <vector>
#include <queue>
#include <set>
#include <map>
#include <string>
#include <cmath>
#include <cstdlib>
#include <ctime>
using namespace std;
typedef pair<int,int> pii;
typedef long long ll;
const int inf = 1<<30;
const int md = 1e9+7;
const int N = 1e5+10;
int n,m;
```

```
int w,h;
int T;
vector < int > ve[2][N*2];
int g[N],p[N],t[N];
pii ans[N];
bool cmp(int a,int b)
{
    return p[a]<p[b];
}
void f(vector < int > &v0,vector < int > &v1,int i,pii &x)
{
    if(i<=v0.size())
        x=make_pair(p[v0[i-1]],h);
    else
        x=make_pair(w,p[v1[v1.size()-(i-v0.size())]]);
}
void work(vector < int > &v0,vector < int > &v1)
{
    sort(v0.begin(),v0.end(),cmp);
    sort(v1.begin(),v1.end(),cmp);
    int now=1;
    for(int i=v1.size();i>=1;i--)
        f(v0,v1,now,ans[v1[i-1]]),now++;
    for(int i=1;i<=v0.size();i++)
        f(v0,v1,now,ans[v0[i-1]]),now++;
}

int main()
{
    //freopen("in.txt","r",stdin);
    //freopen("out.txt","w",stdout);
    scanf("%d%d%d",&n,&w,&h);
    for(int i=0;i<n;i++)
    {
        scanf("%d%d%d",&g[i],&p[i],&t[i]);
        ve[g[i]-1][p[i]-t[i]+N].push_back(i);
    }
    for(int i=0;i<2*N;i++)
        work(ve[0][i],ve[1][i]);
    for(int i=0;i<n;i++)
        if(g[i]==0)
            printf("%d %d\n",ans[i].first,ans[i].second);
        else
            printf("%d %d\n",ans[i].first,ans[i].second);
    return 0;
}
```

****

8. 题目描述：Goodbye Souvenir

I won't feel lonely, nor will I be sorrowful…not before everything is buried.

A string of n beads is left as the message of leaving. The beads are numbered from 1 to n

from left to right, each having a shape numbered by integers between 1 and n inclusive. Some beads may have the same shapes.

The memory of a shape x in a certain subsegment of beads, is defined to be the difference between the last position and the first position that shape x appears in the segment. The memory of a subsegment is the sum of memories over all shapes that occur in it.

From time to time, shapes of beads change as well as the memories. Sometimes, the past secreted in subsegments are being recalled, and you are to find the memory for each of them.

Input

The first line of input contains two space-separated integers n and m ($1 \leqslant n$, $m \leqslant 100\,000$) — the number of beads in the string, and the total number of changes and queries, respectively.

The second line contains n integers a_1, a_2, ..., a_n ($1 \leqslant a_i \leqslant n$) —the initial shapes of beads 1, 2, ..., n, respectively.

The following m lines each describes either a change in the beads or a query of subsegment. A line has one of the following formats:

1 p x ($1 \leqslant p \leqslant n$, $1 \leqslant x \leqslant n$), meaning that the shape of the p-th bead is changed into x;
2 l r ($1 \leqslant l \leqslant r \leqslant n$), denoting a query of memory of the subsegment from l to r, inclusive.

Output

For each query, print one line with an integer — the memory of the recalled subsegment.

Examples
Input (1)
7 6
1 2 3 1 3 2 1
2 3 7
2 1 3
1 7 2
1 3 2
2 1 6
2 5 7
Output (1)
5
0
7
1
Input (2)
7 5

```
1 3 2 1 4 2 3
1 1 4
2 2 3
1 1 7
2 4 5
1 1 7
```

Output（2）

```
0
0
```

Note

The initial string of beads has shapes $(1, 2, 3, 1, 3, 2, 1)$.

Consider the changes and queries in their order：

2 3 7：the memory of the subsegment $[3, 7]$ is $(7-4) + (6-6) + (5-3) = 5$；

2 1 3：the memory of the subsegment $[1, 3]$ is $(1-1) + (2-2) + (3-3) = 0$；

1 7 2：the shape of the 7 – th bead changes into 2. Beads now have shapes $(1, 2, 3, 1, 3, 2, 2)$ respectively；

1 3 2：the shape of the 3 – rd bead changes into 2. Beads now have shapes $(1, 2, 2, 1, 3, 2, 2)$ respectively；

2 1 6：the memory of the subsegment $[1, 6]$ is $(4-1) + (6-2) + (5-5) = 7$；

2 5 7：the memory of the subsegment $[5, 7]$ is $(7-6) + (5-5) = 1$.

题解：

记位置 i 的数的下一个出现位置为 nxt$[i]$，考虑维护二元组 $(nxt[i], nxt[i] - i)$，那么要计算的就是满足 $1 \leqslant i \leqslant r$ 且 nxt$[i] \leqslant r$ 的 nxt$[i] - i$ 之和，也就是询问区间 $[1, r]$ 内 nxt 值小于定值的数，这一部分可以使用树状数组维护。因此，可以使用线段树来支持修改查询操作，线段树的节点为树状数组。

直接这样实现会超内存，因此，可以先离线所有修改操作，预处理出每个节点（区间）出现过哪些数，以压缩树状数组的空间。这样做的空间复杂度为 $O(n \lg n)$，时间复杂度为 $O(n(\lg n)^2)$。

题目分类：线段树套树状数组。

代码：

```
================================================================
#include <iostream>
#include <cstdio>
#include <cstring>
#include <algorithm>
#include <vector>
#include <queue>
#include <set>
#include <map>
```

```cpp
#include <string>
#include <cmath>
#include <cstdlib>
#include <ctime>
using namespace std;
typedef pair<int,int> pii;
typedef long long ll;
const int inf = 1<<30;
const int md = 1e9+7;
const int N = 1e5+10;
int a[N],sa[N];
int op[N][3];
vector<int> save[N];
int n;
set<int> se[N];
void se_init()
{
    for(int i=1;i<=n;i++)se[i].clear(),se[i].insert(0),se[i].insert(n+1);
    for(int i=1;i<=n;i++)se[a[i]].insert(i);
}
void se_upd(int x,int y)
{
    se[a[x]].erase(x);
    a[x]=y;
    se[a[x]].insert(x);
}
int nxt(int x)
{
    return *se[a[x]].upper_bound(x);
}
int lst(int x)
{
    set<int>::iterator it=se[a[x]].lower_bound(x);
    --it;
    return *it;
}
struct fw
{
    vector<int> c;
    vector<ll> v;
    void init(int l,int r)
    {
        for(int i=1;i<=r;i++)
            for(int j=0;j<save[i].size();j++)
                c.push_back(save[i][j]);
        sort(c.begin(),c.end());
        c.resize(unique(c.begin(),c.end())-c.begin());
        for(int i=0;i<c.size();i++)v.push_back(0);
        for(int i=1;i<=r;i++)
        {
            //cout<<l<<' '<<r<<' '<<i<<' '<<nxt(i)<<endl;
```

```cpp
                upd(nxt(i),nxt(i)-i);
            }
    }
    ll que(int x)
    {
        int t = upper_bound(c.begin(),c.end(),x) - c.begin() -1;
        ll re = 0;
        t ++;
        while(t)
        {
            re += v[t-1];
            t -= t& - t;
        }
        return re;
    }
    void upd(int x,int k)
    {
        //cout << x << ' ' << k << endl;
        int t = lower_bound(c.begin(),c.end(),x) - c.begin();
        t ++;
        //cout << x << ' ' << t << ' ' << v.size() << endl;
        if(c[t-1]! =x)
        {
            exit(1);
        }
        while(t <= v.size())
        {
            v[t-1] += k;
            t += t& - t;
        }
    }
};
struct point
{
    int l,r;
    fw v;
}tre[N*3];
void init(int now,int l,int r)
{
    point& p = tre[now];
    p.l = l,p.r = r;
    p.v.init(l,r);
    if(l == r)return;
    int m = (l + r)/2;
    init(now << 1,l,m);
    init(now << 1 |1,m + 1,r);
}
void upd(int now,int x,int x1,int k1)
{
    if(x <= 0 || x > n)return;
    point &p = tre[now];
```

```
            p.v.upd(x1,k1);
            if(p.l == p.r)return;
            if((p.l + p.r)/2 >= x)
                    upd(now << 1,x,x1,k1);
            else
                    upd(now << 1|1,x,x1,k1);
    }
    ll que(int now,int l,int r)
    {
        point& p = tre[now];
        if(l <= p.l && p.r <= r)
            return p.v.que(r);
        ll re = 0;
        int m = (p.l + p.r)/2;
        if(m >= l)re += que(now << 1,l,r);
        if(m +1 <= r)re += que(now << 1|1,l,r);
        //cout << now << ' ' << p.l << ' ' << p.r << ' ' << l << ' ' << r << ' ' << re << endl;
        return re;
    }


    int main()
    {
        //freopen("in.txt","r",stdin);
        //freopen("out.txt","w",stdout);
        int m;
        scanf("%d%d",&n,&m);
        for(int i =1;i <= n;i ++)
            scanf("%d",&a[i]),sa[i] = a[i];
        se_init();
        for(int i =1;i <= n;i ++)
        {
            save[i].push_back(nxt(i));
            save[lst(i)].push_back(nxt(i));
            save[i].push_back(0),save[i].push_back(n +1);
        }
        for(int i =0;i < m;i ++)
        {
            for(int j =0;j <3;j ++)scanf("%d",&op[i][j]);
            if(op[i][0] ==1)
            {
                int x = op[i][1];
                if(nxt(x) <= n)
                {
                    save[x].push_back(nxt(x));
                    save[x].push_back(nxt(nxt(x)));
                }
                if(lst(x))
                {
                    save[lst(x)].push_back(x);
                    save[lst(x)].push_back(nxt(x));
                    save[lst(lst(x))].push_back(x);
```

```
                }
                se_upd(op[i][1],op[i][2]);
                if(nxt(x)<=n)
                {
                        save[x].push_back(nxt(x));
                        save[x].push_back(nxt(nxt(x)));
                }
                if(lst(x))
                {
                        save[lst(x)].push_back(x);
                        save[lst(x)].push_back(nxt(x));
                        save[lst(lst(x))].push_back(x);
                }
            }
        }
    for(int i=1;i<=n;i++)
    {
        sort(save[i].begin(),save[i].end());
        save[i].resize(unique(save[i].begin(),save[i].end())-save[i].begin());
    }
    for(int i=1;i<=n;i++)a[i]=sa[i];
    se_init();
    init(1,1,n);
    for(int i=0;i<m;i++)
    {
        int k=op[i][0],x=op[i][1],y=op[i][2];
        if(k==1)
        {
            if(a[x]==y)continue;
            upd(1,x,nxt(x),-(nxt(x)-x));
            {
                upd(1,lst(x),x,-(x-lst(x)));
                upd(1,lst(x),nxt(x),nxt(x)-lst(x));
            }
            se_upd(x,y);
            upd(1,x,nxt(x),nxt(x)-x);
            {
                upd(1,lst(x),nxt(x),-(nxt(x)-lst(x)));
                upd(1,lst(x),x,(x-lst(x)));
            }
        }
        else
        {
            ll ans=que(1,x,y);
            printf("%I64d\n",ans);
        }
    }
    return 0;
}
```

****

9. 题目描述：Lawrence

T. E. Lawrence was a controversial figure during World War I. He was a British officer who served in the Arabian theater and led a group of Arab nationals in guerilla strikes against the Ottoman Empire. His primary targets were the railroads. A highly fictionalized version of his exploits was presented in the blockbuster movie, "Lawrence of Arabia".

You are to write a program to help Lawrence figure out how to best use his limited resources. You have some information from British Intelligence. First, the rail line is completely linear— there are no branches, no spurs. Next, British Intelligence has assigned a Strategic Importance to each depot—an integer from 1 to 100. A depot is of no use on its own, it only has value if it is connected to other depots. The Strategic Value of the entire railroad is calculated by adding up the products of the Strategic Values for every pair of depots that are connected, directly or indirectly, by the rail line. Consider this railroad：

http：// acm. hdu. edu. cn/data/images/2829 – 1. jpg

Its Strategic Value is $4 \times 5 + 4 \times 1 + 4 \times 2 + 5 \times 1 + 5 \times 2 + 1 \times 2 = 49$.

Now, suppose that Lawrence only has enough resources for one attack. He cannot attack the depots themselves—they are too well defended. He must attack the rail line between depots, in the middle of the desert. Consider what would happen if Lawrence attacked this rail line right in the middle：

http：// acm. hdu. edu. cn/data/images/2829 – 2. jpg

The Strategic Value of the remaining railroad is $4 \times 5 + 1 \times 2 = 22$. But, suppose Lawrence attacks between the 4 and 5 depots：

http：// acm. hdu. edu. cn/data/images/2829 – 3. jpg

The Strategic Value of the remaining railroad is $5 \times 1 + 5 \times 2 + 1 \times 2 = 17$. This is Lawrence's best option.

Given a description of a railroad and the number of attacks that Lawrence can perform, figure out the smallest Strategic Value that he can achieve for that railroad.

Input

There will be several data sets. Each data set will begin with a line with two integers, n and m. n is the number of depots on the railroad $(1 \leqslant n \leqslant 1\,000)$, and m is the number of attacks Lawrence has resources for $(0 \leqslant m < n)$. On the next line will be n integers, each from 1 to 100, indicating the Strategic Value of each depot in order. End of input will be marked by a line with $n = 0$ and $m = 0$, which should not be processed.

Output

For each data set, output a single integer, indicating the smallest Strategic Value for the railroad that Lawrence can achieve with his attacks. Output each integer in its own line.

Example

Input

4 1

4 5 1 2

4 2

4 5 1 2

0 0

Output

17

2

题解：

题目要求的是将数组划分为几个区间，每个区间的贡献为 $sigma\_i, j\{a[i] \times a[j] | i \neq j\} = (sigma\_i\{a[i]\}^2 - sigma\_i\{a[i]^2\})/2$，将所有区间的贡献相加后，后一项为定制。因此，实际要求的贡献是区间内数值和的平方。

于是，有转移方程 $dp[m][n] = \min\{dp[m-1][i] + (s[n] - s[i])^2\}$

斜率优化将复杂度降至 $O(nm)$。

题目分类：斜率 DP。

代码：

```cpp
=================================================================
#include <iostream>
#include <cstdio>
#include <cstring>
#include <algorithm>
#include <vector>
#include <queue>
#include <set>
#include <map>
#include <string>
#include <cmath>
#include <cstdlib>
#include <ctime>
using namespace std;
typedef long long ll;
const int inf = 1 <<30;
const int md = 1e9 +7;
const int N = 1e3 +10;
int ar[N];
int DP[2][N];
int *dp[2];
ll s[N];
int n,m;
int T;
int q[N];
ll sq(ll x)
{
    return x*x;
```

```
}

ll getup( int a,int b)
{
    return ( dp[0][a] + s[a] * s[a]) - ( dp[0][b] + s[b] * s[b]);
}

ll getdown( int a,int b)
{
    return s[a] - s[b];
}

int main()
{
    //freopen( "in.txt","r",stdin);
    //freopen( "out.txt","w",stdout);
    while( scanf( "% d% d",&n,&m) == 2 && n)
    {
        for( int i =1;i <= n;i ++ )scanf( "% d",&ar[i]),s[i] = s[i -1] + ar[i];
        dp[0] = DP[0],dp[1] = DP[1];
        for( int i =1;i <= n;i ++ )dp[1][i] = s[i] * s[i];
        for( int k =1;k <= m;k ++ )
        {
            swap( dp[0],dp[1]);
            int be =1,en =0;
            q[ ++ en] =1;
            dp[1][1] = s[1] * s[1];
            for( int i =2;i <= n;i ++ )
            {
                while( be < en && getup( q[be +1],q[be]) <= getdown( q[be +1],q
[be]) * 2 * s[i])be ++ ;
                dp[1][i] = dp[0][q[be]] + sq( getdown( i,q[be]));
                while( be < en && getup( q[en],q[en -1]) * getdown( i,q[en]) >=
getup( i,q[en]) * getdown( q[en],q[en -1]))en -- ;
                q[ ++ en] = i;
            }
            //for( int i =1;i <= n;i ++ )cout << dp[1][i] << ' ';cout << endl;
        }
        ll ans = dp[1][n];
        for( int i =1;i <= n;i ++ )ans -= ar[i] * ar[i];
        ans /=2;
        printf( "% lld \n",ans);
    }
    return 0;
}
```

****

10. 题目描述：Print Article

Zero has an old printer that doesn't work well sometimes. As it is antique, he still like to use it to print articles. But it is too old to work for a long time and it will certainly wear and tear, so

Zero use a cost to evaluate this degree.

One day Zero want to print an article which has N words, and each word i has a cost C_i to be printed. Also, Zero know that print k words in one line will cost $C_1 + C_2 + \ldots + C_k + M$

M is a const number.

Now Zero want to know the minimum cost in order to arrange the article perfectly.

Input

There are many test cases. For each test case, There are two numbers N and M in the first line ($0 \leqslant N \leqslant 500\ 000$, $0 \leqslant M \leqslant 1\ 000$). Then, there are N numbers in the next 2 to $N + 1$ lines. Input are terminated by EOF.

Output

A single number, meaning the mininum cost to print the article.

Example

Input

5 5

5

9

5

7

5

Output

230

题解:

本题为斜率 DP 入门题。

首先考虑暴力的 dp 方式: $\mathrm{dp}[i] = \min(\mathrm{dp}[j] + (s[i] - s[j])^2 + M)$,$\mathrm{dp}[i]$ 表示前 i 个的最少话费,$s[i]$ 为 $c[i]$ 的前缀和。

那么考虑 $i > j > k$ 的转移中 j 比 k 优的情况,此时 $\mathrm{dp}[j] + (s[i] - s[j])^2 + M < \mathrm{dp}[k] + (s[i] - s[k])^2 + M$

整理得 $((\mathrm{dp}[j] + s[j]^2) - (\mathrm{dp}[k] + s[k]^2))/(2 \times (s[j] - s[k])) < s[i]$

不等式左边是将 $\mathrm{dp}[\mathrm{id}] + s[\mathrm{id}]^2$ 作为 y,将 $2 \times s[\mathrm{id}]$ 作为 x,求两点之间的斜率,右边是一个定值 $s[i]$。

那么考虑 i 在更新的过程中,最优点的选择的变化,记 a,b 两点的斜率为 $g(a,b)$。

(1) 随着 i 增大,$s[i]$ 也会增大,故当计算到 i 时,如果 j 比 k 更优 ($j < k$),那么之后 j 永远比 k 优,可以直接删除 k。

(2) 考虑 3 个可选点 $i > j > k$,$g(k,j) > g(j,i)$,那么 j 一定不是最优的。

如果 $g(j,i) < \mathrm{sum}[i]$,那么 j 没有 i 优。

如果 $g(j,i) > \mathrm{sum}[i]$,那么 $g(k,j) > \mathrm{sum}[i]$,所以 j 没有 k 优。

综上,需要维护一个斜率不断增大的下凸图形,使用队列维护即可。

题目分类：斜率 DP。

代码：

```
==================================================================
#include <iostream>
#include <cstdio>
#include <cstring>
#include <algorithm>
#include <vector>
#include <queue>
#include <set>
#include <map>
#include <string>
#include <cmath>
#include <cstdlib>
#include <ctime>
using namespace std;
typedef long long ll;
typedef pair<ll,ll> pll;
const int inf = 1<<30;
const int md = 1e9+7;
const int N = 5e5+10;
int a[N];
ll dp[N];
ll s[N];
int q[N];
ll x[N];
int n,m;
int T;

ll getup(int a,int b)
{
    return x[a]-x[b];
}


ll getdown(int a,int b)
{
return s[a]-s[b];
}

int main()
{
    //freopen("in.txt","r",stdin);
    //freopen("out.txt","w",stdout);
    while(scanf("%d%d",&n,&m)==2)
    {
        for(int i=1;i<=n;i++)scanf("%d",&a[i]),s[i]=s[i-1]+a[i];
        for(int i=1;i<=n;i++)dp[i]=s[i]*s[i]+m;
        int be=0,en=0;
        for(int i=1;i<=n;i++)
        {
```

```
                while(be < en && getup(q[be + 1],q[be]) <= 2 * s[i] * getdown(q[be +
1],q[be]))be ++;
                dp[i] = min(dp[i],dp[q[be]] + (s[i] - s[q[be]]) * (s[i] - s[q[be]]) + m);
                x[i] = dp[i] + s[i] * s[i];
                while(be < en && getup(q[en],q[en - 1]) * getdown(i,q[en]) >= getup
(i,q[en]) * getdown(q[en],q[en - 1]))en --;
                q[ ++ en] = i;
            }
            //for(int i = 1;i <= n;i ++)cout << i << ' ' << x[i] << ' ' << s[i] << ' ' << dp
[i] << endl;
            printf("% lld \n",dp[n]);
        }
    return 0;
}
```

****

以上实战训练题的汇编得到了长春理工大学计算机科学技术学院 ACM 协会队员的大力支持，其中的竞赛试题和题解以及代码均来自这些同学的解答，在此表示感谢！